汉竹编著·亲亲乐读系列

# Hello

# 宝宝辅食

刘岩 主编

汉竹 编著

U0332348

汉竹图书微博
http://weibo.com/hanzhutushu

 江苏凤凰科学技术出版社
全国百佳图书出版单位

# 前言

"4 个月的宝宝可以添加辅食吗？"

"过敏宝宝怎么添加辅食？"

"宝宝吃了辅食开始腹泻，怎么办？"

"每天吃几次辅食，每次吃多少？"

"怎样烹调更有营养？"

……

相信有很多妈妈对辅食知之甚少，也有些妈妈为给宝宝做辅食伤透脑筋，还有些妈妈面对宝宝吃辅食过程中的各种问题不知道如何应对。买了这本书就不用愁了。

全书按照不同月龄安排不同的食谱，详细告知多大的宝宝该补充什么营养，该吃什么样的辅食。食谱中的大部分食材都很常见，营养搭配合理，可以科学地给宝宝提供丰富而全面的营养。食谱很简单，但步骤很细致，还有步骤图，可以看到许多小细节。书里的图片"色、香、味俱全"，看着就有立马做给孩子吃的冲动。这么漂亮又营养的辅食，新妈妈很容易上手，宝宝肯定也喜欢吃。

为了宝宝的健康和成长，开始自己动手做辅食吧，相信自己，除了最好的母乳，还能给他（她）全面、均衡的营养辅食。

# 让宝宝更聪明的食谱

苹果玉米羹
P78

蛋黄鱼泥羹
P79

肉蛋羹
P92

鳕鱼毛豆
P101

什锦鸭羹
P110

鱼肉水饺
P130

蛤蜊蒸蛋
P142

淡菜瘦肉粥
P144

五宝蔬菜
P149

滑子菇炖肉丸 P150

青菜胡萝卜鱼丸汤 P159

核桃粥 P161

木耳炒鸡蛋 P163

西蓝花虾仁 P166

鸡肉蛋卷 P168

炒红薯泥 P178

葵花子芝麻球 P184

水果蛋糕 P185

# 让宝宝长高个的食谱

排骨汤面 P98

莲藕薏米排骨汤 P108

三味蒸蛋 P124

虾皮紫菜蛋汤 P140

山药胡萝卜排骨汤 P159

酸奶布丁 P160

麻酱花卷 P169

紫菜虾皮南瓜汤 P176

虾皮鸡蛋羹 P179

# 提高宝宝免疫力的食谱

菠菜猪肝泥

P59

青菜面

P65

芋头丸子汤

P73

胡萝卜肉末羹

P93

西红柿鳕鱼泥

P125

香菇通心粉

P131

丸子面

P146

三文鱼芋头三明治

P151

南瓜饼

P165

# 目录

## PART 1

## 妈妈必知辅食那些事儿

# 4~6 个月：记得吃米粉哦

# 6~7 个月：辅食，一天 2 次就够了

# 7~8 个月：可以吃蛋黄了

# PART 5

# 8~9 个月：爱上小面条

## 满 9 个月的宝宝会这些 /88
## 8~9 个月宝宝营养补充重点 /89
## 最有爱的小餐桌 /90

# 9~10 个月：可以嚼着吃

# 10~12 个月：尝尝小水饺

## 吃辅食后的常见问题 /134

# PART 8

## 1~1.5 岁: 软烂食物都能吃

## 满 1.5 岁的宝宝会这些 /138
## 1~1.5 岁宝宝营养补充重点 /139
## 最有爱的小餐桌 /140

## 吃辅食后的常见问题 /152

# 1.5~2 岁：辅食地位提高啦

# Part 10

# 2~3岁：营养均衡最重要

# Part 1

# 妈妈必知辅食那些事儿

关于宝宝辅食，妈妈了解多少？除了最好的母乳，妈妈也要为宝宝准备好的辅食。什么时候开始吃辅食？应该吃什么辅食？辅食应该怎么添加？怎样做辅食……不要急，这一章我们先来了解一下妈妈必知的辅食那些事儿。

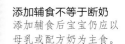

## 1.5 岁前的"主食"必须是母乳和配方奶

　　添加辅食是指将母乳或配方奶作为主食，在此基础上添加别的食物来搭配主食，而不是断奶、停止母乳或配方奶喂养。辅食添加应该是从宝宝 4~6 个月开始，但是，这时候的"主食"仍应是母乳和配方奶，而且应持续到 1.5 岁。与辅食相比，宝宝的"主食"——奶，其脂肪含量高，蛋白质和碳水化合物含量相比成人食物低。也就是说，奶属于高密度、高热量的食物。在 1.5 岁之前，只有以奶为主食，才能保证高密度的能量供给。

　　6~12 个月的宝宝每天至少要喝 600 毫升的奶，1~1.5 岁的宝宝每天的奶量也不应少于 400 毫升。即使宝宝特别喜欢吃辅食，也应保证"主食"的摄入量，只有这样才能保证宝宝基础的营养摄取。为了达到好的喂养效果，还需要调整辅食的喂养结构和喂养量，以更好地搭配主食，从而使宝宝更好地生长发育。

## 人工喂养宝宝满 4 个月，可尝试吃辅食

　　宝宝满 4 个月之前，其肠胃发育还不健全，唇舌比较紧闭，会将固体食物反射性地顶出来。宝宝 4~6 个月时，宝宝口腔的排出反射会逐渐消失，不再将食物顶出来，因此这时是开始添加辅食比较好的时间段。人工喂养及混合喂养的宝宝，在宝宝满 4 个月后，身体健康的情况下，可以尝试吃辅食。

## 纯母乳喂养宝宝满 6 个月添辅食

　　世界卫生组织的最新婴儿喂养报告提倡：前 6 个月纯母乳喂养，6 个月以后在母乳喂养的基础上添加辅食。这样做的好处是将宝宝感染肺炎、肠胃炎等的风险降低；同时，纯母乳喂养时间比较久，妈妈的月经来得比较迟，对产后身材恢复很有利。

　　一般来说，纯母乳喂养的宝宝，如果体重增加理想，可以到 6 个月时添加辅食，但具体何时添加，应根据宝宝的实际发育状况来定。

**添加辅食不等于断奶**
添加辅食后宝宝仍应以母乳或配方奶为主食。

**宝贝吃辅食**

我的奶水一直不太多，庆幸的是，我一直坚持纯母乳喂养。团团满 6 个月后，我才给她吃了第 1 口辅食。

**医生妈妈小叮嘱**

＊ 添加辅食并不等于断奶
＊ 1.5 岁前应以奶为主食 ⚠
＊ 1.5 岁前，即使宝宝特别爱吃辅食，也不能以辅食为主
＊ 4~6 个月是添加辅食的最佳时间 ⚠
＊ 纯母乳喂养的宝宝最好满 6 个月后再添加辅食
＊ 人工喂养及混合喂养的宝宝可在 4 个月后添加辅食
＊ 添加辅食的时间应以宝宝的身体发育情况为准 ⚠

## 早产儿添加辅食时间较晚

关于早产儿添加辅食的时间，不能按照宝宝的实际出生月龄来计算，而是按照矫正月龄来计算。当早产儿的矫正月龄满 4~6 个月后，可根据宝宝的实际情况判断是否添加辅食。

$$矫正月龄 = 实际出生月龄 - (40 - 出生时孕周) /4$$

以孕 32 周出生，实际月龄 6 个月的早产儿为例：

$$矫正月龄 = 6 - (40\text{-}32) /4$$

当别的妈妈在给宝宝添加辅食的时候，不用急也不用羡慕，要知道，适合宝宝的才是最好的。

## 宝宝要吃辅食的 6 个可爱小信号

❶ 按照平时的作息时间给宝宝喂奶，但宝宝饿得很快。

❷ 宝宝有些厌奶了。

❸ 大人吃饭时，宝宝会盯着大人夹菜、吃饭的动作，甚至会伸手抓，放进嘴里。

❹ 宝宝可以在大人的扶持下，保持坐姿。

❺ 用小匙喂食物的时候，宝宝的舌头不再将食物顶出来。

❻ 宝宝的体重比出生时体重增加 1 倍，或达到 6 千克以上。

如果宝宝出现了以上那些可爱的"小信号"，就是宝宝在说："我要吃辅食！"总之，添加辅食不是跟月龄竞赛，不是越早越好，一定要等宝宝的身体准备好了再开始添加。

## 从一种辅食加起，7 天后再加另一种

刚开始添加辅食时只能给宝宝吃一种与月龄相宜的食物，尝试 1 周后，如果宝宝的消化情况良好，再尝试另一种。一旦宝宝出现异常反应，应立即停喂辅食，并在 3~7 天后再尝试喂这种食物。如果同样的问题再次出现，就应考虑宝宝是否对此食物不耐受，需停止喂这种食物至少 3 个月。

如果多种新食物同时添加，宝宝出现不适后很难发现原因。所以，辅食要一种一种地慢慢增加。

**医生妈妈小叮嘱**

❋ 早产儿不应按照实际月龄添加辅食

❋ 过早给早产儿添加辅食可能引发腹泻等疾病 ⚠

❋ 无论哪种喂养方式都应根据宝宝的自身情况确定添加辅食的时间 ⚠

❋ 宝宝的身体会发出要吃辅食的信号

❋ 添加辅食要注意宝宝的适应度

❋ 一种食物吃 7 天再吃另外一种食物 ⚠

什么时候开始添加辅食

不满 4 个月，过早添加辅食易导致宝宝出现呕吐、腹泻等症状。

晚于 7 个月，过晚添加辅食易造成宝宝营养不良或拒绝吃辅食。

4~6 个月，适龄添加辅食容易被接受，不易过敏。

## 宝宝的第一道辅食——婴儿营养米粉

第一次给宝宝添加辅食要吃什么呢？很多爸爸妈妈都不知道该如何选择。专家建议，首次添加辅食最好选择婴儿营养米粉。

婴儿营养米粉是专门为婴幼儿设计的均衡营养食品，其营养价值远超蛋黄、蔬菜汁、水果泥等营养相对单一的食物。营养米粉中所含有的营养素是这个年龄段发育所必需的，而且营养米粉的味道接近母乳和配方奶，更容易被宝宝接受。

## 辅食添加有原则

每个宝宝的体质、发育程度都不尽相同，但只要遵循最基本的原则，辅食添加的过程就会变得更顺利。辅食添加的基本原则是：由少到多、由稀到稠、由细到粗、由单一到混合。

辅食添加原则示意图：

### 医生妈妈小叮嘱

＊ 婴儿营养米粉是宝宝的第一道辅食

＊ 辅食添加不可能一蹴而就，要循序渐进

＊ 辅食添加的原则是由少到多、由稀到稠、由细到粗、由单一到混合

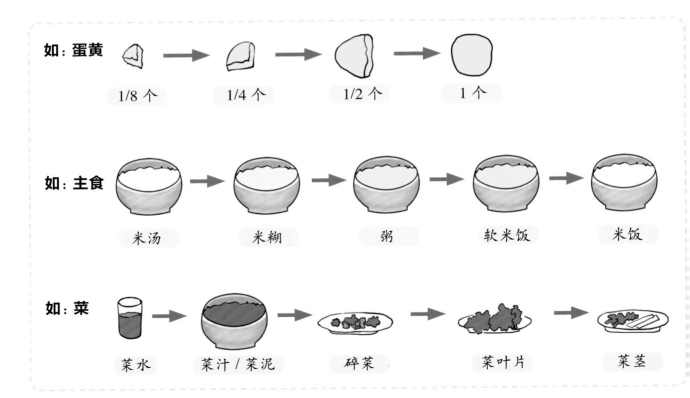

如：蛋黄　1/8 个 → 1/4 个 → 1/2 个 → 1 个

如：主食　米汤 → 米糊 → 粥 → 软米饭 → 米饭

如：菜　菜水 → 菜汁 / 菜泥 → 碎菜 → 菜叶片 → 菜茎

## 过敏宝宝辅食添加有顺序

在遵循由少到多、由稀到稠、由细到粗、由简单到复杂原则的基础上，过敏宝宝辅食添加的顺序是由低敏到高敏，依次是米、蔬菜、水果、蛋黄，宝宝满 7 个月后可以尝试少量肉类和豆类。其中，白肉（鱼肉、鸡肉、鸭肉）要先于红肉（猪肉、牛肉、羊肉）。

制作容易过敏的食物时，要保证食材的新鲜，并确保熟透。一旦发现宝宝对某种食物有过敏症状，立刻停喂这种食物。

## 辅食添加要循序渐进

辅食添加应循序渐进，不仅仅是指食物种类的选择上，也包括食物加工的性状上。经过几个月的训练，宝宝能够接受什么样的辅食，爸爸妈妈应该心里有底了。想要让宝宝的食谱更丰富些，可遵循辅食添加的基本原则，从营养米粉加起，逐渐加入菜泥、蛋黄、肉泥等。8 个月后可添加蛋黄，1 岁后可添加鲜牛奶及其制品、带壳的海鲜、花生和其他干果。每新添加一种食物都要观察 3 天，看宝宝是否会过敏。急性过敏会在 24 小时内发生，慢性过敏会在 3 天内发生。

## 宝宝每天、每顿应该吃多少辅食

一般来说，在宝宝 1 岁以前，每天吃 2 次辅食比较合理。宝宝每次接受辅食的量并不固定，一般会有 20% 的差异，最高的时候可以达到 40%。爸爸妈妈要牢记一点：吃多了不限制，吃少了不强制。

与宝宝每天吃多少相比，妈妈更应该关心的是宝宝每天吃得好不好。比如宝宝是否对辅食感兴趣？若干次尝试后，宝宝是否接受了辅食？宝宝添加辅食后有没有呕吐、腹泻、过敏？添加辅食一段时间后，宝宝成长发育是否正常？只要宝宝能够慢慢接受母乳、配方奶之外的食物，健康地成长，添加辅食的目的就达到了。

### 医生妈妈小叮嘱

* 过敏宝宝应注意辅食添加的顺序
* 辅食种类的添加和食物性状的选择都要循序渐进 ⚠️
* 宝宝吃多少不应由父母限制
* 容易引起过敏的食物

| 食物类型 | 对应食物 |
| --- | --- |
| 蔬菜类 | 芹菜、土豆、芋头、莴苣、蘑菇、茄子、扁豆等 |
| 水果类 | 菠萝、桃、柿子、猕猴桃、芒果、木瓜等 |
| 淀粉类 | 面粉和种子类食物 |
| 蛋白质类 | 鱼、虾、贝类、鸡、鸭、牛奶、豆制品等 |
| 豆类及坚果 | 腰果、花生、蚕豆等 |

**大米是过敏宝宝的首选**
过敏宝宝添加辅食初期可选择大米汤、大米糊等。

**医生妈妈小叮嘱**

＊辅食和奶一次吃饱 ⚠

＊少吃多餐会使宝宝没有"饱"和"饿"的感觉

＊应有意识地训练宝宝的咀嚼能力

＊行为示范对 3 岁以下宝宝很管用

＊出牙前不要给宝宝添加小块状食物 ⚠

**宝贝吃辅食**

团团 6 个月大时，见爸爸吃苹果就馋得流口水。拿一小块给她吸吮了几下，她高兴得不行。不过她还没有长牙，咬不动。

## 先喂辅食后喂奶，一次吃饱

通常家长给宝宝添加辅食往往比较随意，想起来就喂一点，这样会造成宝宝没有"饱"和"饿"的感觉，从而造成宝宝对吃饭兴趣不大。

吃辅食应该安排在两次母乳或配方奶之间，先吃辅食，然后再补充奶，让宝宝一次吃饱。这样做能避免因少吃多餐而影响消化的效果和宝宝的进食兴趣。

## 咀嚼不是生来就会，要提前训练

宝宝天生就会吃奶，但是咀嚼并不是天生的，需要后天的训练。咀嚼需要一定的前提条件——长出磨牙和有效的咀嚼动作。在宝宝还没有萌出磨牙的时候，爸爸妈妈应该有意识地训练宝宝的咀嚼动作。当宝宝进食泥状食物时，喂食者可以同时嚼口香糖或其他食物，并进行夸张的咀嚼动作。通过这样的行为诱导，宝宝会逐渐意识到吃食物时应该先咀嚼，并会模仿大人的动作。

## 磨牙没长出前，不能吃小块状的食物

即使宝宝学会了咀嚼动作，在没有长出磨牙之前，也不能给他吃小块状的食物。没有磨牙参与的咀嚼动作，不能使食物达到有效的研磨。一些宝宝可能不接受小块状食物，会吐出来，但是也有些宝宝吞咽能力强，很可能会将未充分研磨的食物吞下肚里，这样就会造成食物消化和吸收不完全，既会增加食物残渣量，同时也减少了营养素的吸收，长期下去还可能造成生长缓慢。

宝宝没有长磨牙，应该吃什么样的食物

固体食物，太硬，没有磨牙，宝宝无法进食。

小颗粒食物，研磨不充分，影响消化吸收。

泥糊状食物，基本不用磨牙咀嚼就能消化。

流质食物，不用咀嚼，可直接吞咽。

## 水果泥、蔬菜泥比煮果水、菜水营养好

蔬菜水果经过煮沸的过程，损失了大量的维生素，所以煮的果水、菜水中除了大量糖分外其实没什么营养，建议给宝宝吃水果泥和蔬菜泥。不但营养不易被破坏，还有利于吸收、消化。

从解渴的角度来说也不建议喝果水、菜水，因为宝宝一旦习惯了这种味道，就不容易接受白开水。在宝宝长牙后，喝果水、菜水也不利于口腔健康。建议给宝宝喝白开水，可以起到清洁口腔的作用。

另外食用菜水还存在安全隐患，因为蔬菜表面的农药、化肥等会溶于水中，对宝宝健康不利。

## 加热水果可降低致敏风险

将水果蒸熟可以降低致敏的风险，原来过敏的食物可能因此纳入到可食用菜单中。对于过敏儿和肠胃敏感儿来说，加热水果是增加食物摄取种类的无奈之举，是过渡阶段的方法。如果自家宝宝的肠胃能够接受常温的水果，可直接给予完整营养的果汁（记得要用水稀释）或果泥。

## 妈妈们别盲目崇拜蛋黄

妈妈们习惯将蛋黄作为宝宝的第一道辅食，其实并不适合。鸡蛋黄的营养确实对婴幼儿成长发育有重要作用，但是过早添加蛋黄容易导致宝宝消化不良。建议等宝宝满 8 个月后再添加蛋黄，而且应从 1/8 个蛋黄开始添加，逐渐过渡到一整个。宝宝在满 1 岁后可以吃全蛋。

即使宝宝能吃蛋黄了，也不能只吃蛋黄。很多家长都很困惑："每天给宝宝吃 2 个蛋黄，怎么他体重还是增长这么缓慢呢？"虽然鸡蛋富含蛋白质，但并不包含所有的营养素，建议最好用鸡蛋黄搭配富含碳水化合物的米粉、粥、面条等食物给宝宝食用，还可混合青菜，这样更有利于人体对蛋白质的吸收利用。

**辅食不能只吃鸡蛋黄**
蛋黄虽然营养价值高，但不易消化、营养也不全面，应搭配其他食材，让宝宝摄入均衡的营养。

**医生妈妈小叮嘱**

❋ 不建议给宝宝喝煮果水、菜水
❋ 煮菜水有安全隐患
❋ 白开水是宝宝最好的饮料
❋ 吃水果易过敏的宝宝可将水果蒸熟再吃
❋ 不建议将蛋黄作为宝宝的第一道辅食
❋ 宝宝 8 个月后开始添加蛋黄，1 岁以后可以吃全蛋
❋ 蛋黄虽营养高，但也不是万能的，辅食不能只有蛋黄
❋ 营养均衡更有利于宝宝的成长发育
❋ 煮蛋黄比蒸蛋黄更容易消化

**蜂蜜不适合 1 岁内的宝宝食用**
1 岁内的宝宝抵抗力差，吃蜂蜜
容易引起肉毒杆菌性食物中毒。

**医生妈妈小叮嘱**

＊ 蛋清易致过敏，1 岁后再开始
吃全蛋 ⚠

＊ 肾功能不全的宝宝不宜多吃
鸡蛋

＊ 1 岁内的宝宝食用蜂蜜不安全

＊ 豆腐和果冻一样，吞咽不好容
易使宝宝窒息 ⚠

## 1 岁内的宝宝不宜食用豆腐、果冻

豆腐、果冻虽然看起来是很软的食物，但是韧性较大。1 岁内的宝宝如果吞咽不好，会将这些食物黏附于喉咙上，引起窒息。因吸食果冻阻塞气管造成婴幼儿窒息的事故也时有发生，所以最好不要让宝宝吃果冻，更不能让宝宝自己吸食。

从营养方面来说，可以用别的食物代替豆腐，营养一样；果冻的营养显然没有新鲜水果丰富，而且里面还含有多种食物添加剂，对宝宝健康无益。

## 蛋清、蜂蜜，1 岁内的宝宝最好别碰

鸡蛋特别是蛋黄，含有丰富的营养成分，非常适合宝宝食用。但是鸡蛋的蛋清非常容易引起宝宝消化不良、腹泻、皮疹甚至过敏。有些 8 个月以内的宝宝还可能会对卵清蛋白过敏，因此应避免食用蛋清。建议宝宝接近 1 岁时再开始吃全蛋。

蜂蜜在制作过程中容易受到肉毒杆菌的污染，而且肉毒杆菌在 100℃的高温下仍然可以存活。婴儿的抗病能力差，食用蜂蜜非常容易引起肉毒杆菌性食物中毒。所以，1 岁内的宝宝最好别碰蛋清、蜂蜜。

值得提醒的是，虽然鸡蛋的营养价值高，也不是吃得越多越好。肾功能不全的宝宝不宜多吃鸡蛋，否则尿素氮积聚，会加重病情。皮肤生疮化脓及吃鸡蛋过敏的宝宝，也不宜吃鸡蛋。

1 岁内的宝宝可以吃什么

豆腐、果冻，韧性大，吞咽不好容易导致窒息。

蛋黄，营养丰富，适合 8 个月以上的宝宝食用。

烂面条、软米饭、蔬菜泥，1 岁宝宝可以吃了。

## 宝宝 1 岁前不要喝鲜牛奶和酸奶

宝宝 1 岁之前不要喝鲜牛奶。因为宝宝的胃肠道、肾脏等系统发育尚不成熟，鲜牛奶中高含量的酪蛋白、脂肪很难被消化吸收，其中的 α 型乳糖容易诱发宝宝胃肠道疾病。若因特殊情况需要喝鲜牛奶，要煮沸后把上面的奶皮去掉。

宝宝 1 岁前也不要喝酸奶。酸奶里面的乳酸杆菌是偏酸性的，会刺激宝宝未发育成熟的胃黏膜，容易导致肠道疾病。

## 1 岁内的宝宝辅食不应主动加盐、糖

有些家长在给宝宝做辅食时，习惯加点盐，以为这样宝宝会更爱吃，同时也会补充钠和氯。其实，1 岁内的宝宝的辅食不应主动加盐、糖等调味料。

1 岁以内的宝宝宜进食母乳、配方奶和泥糊状且味道清淡的食物，最好是原汁原味的。1 岁之内不建议在食物中主动添加盐、糖等调味品。

## 别给宝宝尝成人食物，哪怕就一小口

母乳和配方奶的味道比较淡，宝宝的辅食味道也很清淡，所以他能够很容易接受辅食。一旦你给他尝了成人的食物，哪怕只是一小口，都会刺激宝宝的味觉。如果他喜欢上成人食物的味道，那么就会很难再接受辅食的味道，容易出现喂养困难。

## 宝宝没有别人家的宝宝吃得多怎么办

妈妈总会聚在一起，交流喂养经验和心得。不过，有时候看见同龄的宝宝吃得多，就和自己的宝宝对比，觉得宝宝吃得太少了。

宝宝有自己的食量，不能强制。妈妈不应该以别人家孩子的进食状况作为自己宝宝的进食标准。如果宝宝进食情况顺利，精神状态良好，睡眠、大小便都很正常，就不会影响生长发育。

**尽量不要给宝宝喝鲜牛奶和酸奶**
鲜牛奶不容易被宝宝消化吸收，酸奶易致肠道疾病。

## 合理烹调，留住营养

完美辅食妈妈不仅能做出色香味俱全的食物，更重要的是能够最大程度地保留食物的营养。那么如何才能做到呢？

米、面中的水溶性维生素和矿物质容易受到损失，所以这类食材以蒸、烙最好。用水煮或者油炸会损失营养。为了避免蔬菜中的维生素流失，要先清洗再切，先烫软再切碎。

另外胡萝卜最好用油炒一下再蒸熟，这样才能更好地吸收利用其营养；用铁锅烹调酸性食物可提高活性铁的吸收率；炖汤的时候滴几滴醋，能促使骨头里的钙质溶于汤内。

## 宝宝辅食不是越碎越好

添加辅食之初，宝宝的辅食是越碎越好、越细越好，因为这时候宝宝还没有学会咀嚼，只会吞咽。但是宝宝辅食并不是一定越碎越好，等宝宝6个月后，口腔分泌功能日渐完善，神经系统和肌肉控制能力也逐渐增强，吞咽活动已经很自如了，就可以吃一些带有小颗粒状的食物了。而且在10个月之前，应逐渐让宝宝学会吃固体食物。这不仅是满足身体对营养的需求，同时也是锻炼口腔运动和促进面部肌肉控制力的需要。

## 给宝宝喂食时不要用语言引导

很多家长在给宝宝喂食时都喜欢用语言鼓励宝宝进食。其实这种做法并不能起到激励作用，反而会让宝宝分心。特别是一边吃饭一边用玩具哄时，更容易让宝宝形成"吃＋玩＋说话＝吃饭"的概念。如果在喂饭的时候，家长能一起咀嚼食物，这样会引起宝宝进食的兴趣，使他能够安静地专心进食。

## 用碗和勺子喂辅食好处多

给宝宝吃辅食不只是为了增加营养，同时也是为了促进宝宝的发育。建议大家使用碗和勺子给宝宝喂辅食。因为用勺子喂养是经过卷舌、咀嚼然后吞咽的过程，这可以训练宝宝的面部肌肉，为今后说话打好基础。用碗和勺子喂养，不仅方便进食，而且有利于宝宝的行为发育。

### 医生妈妈小叮嘱

＊ 最好用温水冲调米粉，配方奶冲调米粉易使宝宝消化不良

＊ 宝宝接受米粉后，也可以适当添加菜泥、肉泥、蛋黄等，一起喂食

＊ 饮食营养均衡，宝宝不需额外补充微量元素或营养品

＊ 宝宝的辅食并不是一定越碎越好

### 宝贝吃辅食

团团长到3个月时，出现了枕秃。婆婆总劝我给团团补钙，其实我知道，母乳里所含的钙质已经能够满足她的身体所需了。

**胡萝卜宜炖炒**
由于胡萝卜的主要营养维生素 A 是脂溶性的，所以建议进行适当的烹饪，有助于营养的吸收。

## 用配方奶冲米粉，吸收不好营养自然不好

添加米粉初期，它是辅食，后期会成为辅食中的主要食物，而且味道也会逐渐接近成人食物。如果用配方奶冲米粉，会导致其味道和成人食物相差较远，不利于宝宝以后接受成人食物。而且配方奶冲调的米粉浓度太高，会增加宝宝肠胃的负担，甚至导致消化不良。因此，用配方奶冲调米粉的营养价值并没有被充分利用。

## "缺"和"补"，中国妈妈最关心的事儿

"缺"和"补"是萦绕在中国家长心头的一件大事。总有父母看到宝宝的异常就怀疑是否缺钙、缺锌，是不是要补什么微量元素啊。其实宝宝的生长发育主要依赖于蛋白质、脂肪、碳水化合物这类宏量元素，生长发育有异常也不是因为缺乏微量元素。微量元素只有在宏量元素充足的基础上才会发挥作用。所以，与其关注"缺"和"补"，不如关注宝宝的饮食营养是否均衡。营养均衡比微量元素重要得多。只要保持饮食营养均衡，是不需要刻意补充微量元素的。

## 不要随意添加营养品

市场上为宝宝提供的各种营养品很多，补锌、补钙、补赖氨酸等，令人眼花缭乱，使许多爸爸妈妈无所适从。

究竟要不要给宝宝吃营养品和补剂，这是因人而异的。如果宝宝身体发育情况正常，就完全没必要补充。营养品和补剂的营养成分并非对人体的各方面都有功效，其中的一些成分在食物里就有。即使人体缺乏某种营养素，我们也可以通过食物来补充。盲目进食营养品对宝宝的身体是无益的。实际上，获得营养的最佳途径是摄取健康天然的食物。

**不要过分关注"缺"和"补"**
平时多注意宝宝的饮食营养均衡，蔬菜、五谷、蛋奶、肉类都摄入，即可保证宝宝健康成长，不必刻意补充微量元素。

## 传统辅食工具有哪些

**榨汁机**：适合自制果汁，使用方便，容易清洗。

**研磨器**：将食物磨成泥，是添加辅食前期的必备工具。使用前需将研磨器用开水浸泡消毒。

**辅食剪**：主要分为两种，一种是常用的辅食剪，造型小巧、可爱，携带方便；另一种是在药店出售的医用不锈钢纱布剪或手术剪，不锈钢品质等级高，可以整个放在沸水中消毒。

**菜板**：虽然菜板是家里常用到的工具，但是最好给宝宝买一套专用的，要经常清洗、消毒。

**刀具**：要将切生食物、熟食物的两种刀具分开放置，避免污染。每次做辅食前后都要将刀具洗净、擦干。

**蒸锅**：蒸熟食物或蒸软食物用，蒸出来的食物口味鲜嫩、熟烂，容易消化，含油脂少，能在很大程度上保留食物的营养。

**刨丝器、擦板**：刨丝器是做丝、泥类食物必备的用具，由于食物细碎的残渣很容易藏在细缝里，每次使用后都要清洗干净、晾干。

**小汤锅**：烫熟食物或煮汤用，也可用普通汤锅，但小汤锅省时节能，是妈妈的好帮手。

**辅食勺**：不锈钢、搪瓷勺导热快，会烫到宝宝。而且，坚硬的触感会让宝宝不舒服，可能遭到宝宝抗拒。因此，宝宝用的勺子要软一些，导热慢一些。常用的辅食勺多为食品级 PP 材质（在正常情况及高温情况下不会释放出有害物质），很适合宝宝。

**辅食碗**：一般为吸盘碗，能牢固地吸附在桌子上，防止宝宝把碗弄到地上。但要注意，吸盘碗直接放入微波炉中可能导致变形，影响吸附功能。选购的时候，最好选择底平、帮浅、平稳而不容易洒的辅食碗。

**削皮器**：居家必备的小巧工具，便宜又好用。给宝宝专门准备一个，与平时家用的区分开，以保证卫生。

**保鲜盒**：首选玻璃保鲜盒，可以密封并放入冰箱冷冻，具有耐高温、易清洗的特点。塑料保鲜盒不适合加热，可以用于外出时携带少量水果，如草莓、葡萄等，比较方便。

# 烹煮省时好帮手

**电饭锅**：最大的优点在于不用担心火候，一指按下轻松搞定。

**高压锅**：炖肉、炖排骨特别省时，而且炖出来的肉软烂可口。

**小汤锅**：快煮快热，省时节能，适合烫菜、煮粥、煮面。

## 传统家当、辅食机、料理机哪个更给力

传统家当的好处是不用另外购置工具，菜板、刀具、锅碗瓢盆都能用，省钱；不过宝宝的辅食一般要切小剁烂，所以用传统家当就会比较费时费力。

辅食机集蒸煮、搅拌为一体，操作起来非常方便，而且用辅食机制作出来的泥都很细腻，非常适合刚添加辅食的宝宝。辅食机是妈妈制作辅食的"利器"，省时又省力。不过置备这个利器要破费一笔，而且等宝宝长大些，就不需要

制作泥状食物了，所以利用率比较低。

料理机最基本的功能就是搅拌和磨碎功能，但是它没有蒸煮的功能，所以比起辅食机它的功能稍微弱一些，而且有些机型清洗时比较费时。

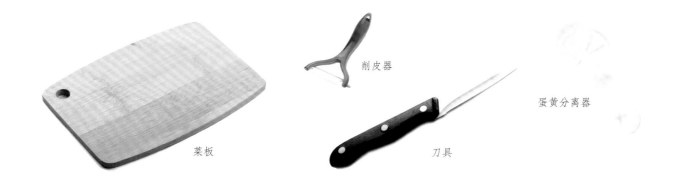

菜板

削皮器

刀具

蛋黄分离器

# Part 2

## 4~6 个月：记得吃米粉哦

宝宝开始添加辅食啦！你会发现宝宝对餐桌上的饭菜感兴趣，伸着小手要抓，但是，他现在还不能吃这些哦！宝宝应该从吃婴儿营养米粉开始慢慢接受辅食。妈妈千万不要错爱宝宝，把成人的饭菜汤汁喂给宝宝吃！

# 满 6 个月的宝宝会这些

宝宝每天都有进步，每天都有让人欢笑和惊讶的小动作、小事情。睡眠明显减少了，此时会哭、会笑、会翻身、会玩耍，甚至会坐在那里煞有介事地和爸爸妈妈"咿咿呀呀"地聊天，似乎还会看大人的"脸色"，懂得大人的喜怒变化了。

- 视野扩大 　　　　　　　　　　可以自由转头，喜好探索新事物
- 听力发展越来越敏锐 　　　　　能听出熟悉的亲人的声音，并会转头找到说话的人
- 对语言有了一定的理解能力 　　听到自己的名字会回头，听到"妈妈"会朝自己的妈妈看
- 触觉和味觉发展较快 　　　　　双手喜欢抓摸玩具，能分辨各种味道
- 大运动能力增强 　　　　　　　能独坐片刻、会撕纸、会将玩具倒手
- 能区别严厉和亲切的态度

　　体重：这个月的宝宝，男宝宝平均体重为 7.9 千克，正常范围 6.4~9.8 千克。女宝宝平均体重为 7.2 千克，正常范围 5.7~9.3 千克。

　　身高：运动对宝宝身高的增长有很大的促进作用。男宝宝平均身高为 67.8 厘米，女宝宝平均身高为 65.9 厘米。

　　睡眠：宝宝的睡眠基本保持在每天 13~15 个小时。宝宝晚上醒的次数减少了，有的甚至能够一觉睡到天亮。宝宝白天一般睡 2~3 次，上午睡 1 次，下午睡 1~2 次。一般上午睡 1~2 小时，下午睡 2~3 小时。

宝宝身高

宝宝体重

宝宝大运动能力

记下宝宝趣事儿

妈妈别忘记

# 4~6 个月宝宝营养补充重点

这个阶段的宝宝越来越好动了，喜欢爬来爬去，对外面的世界也充满好奇。这时候的宝宝，营养上要注意补铁。因为宝宝体内存储的铁只能满足 4 个月内成长发育需求。随着宝宝的快速成长，6 个月以后的宝宝最容易发生缺铁性贫血。所以，从 5 个月开始，妈妈就要特别注意开始给宝宝补铁了。

- 坚持母乳喂养　　　　　　　母乳中铁的吸收利用率较高
- 适当补充维生素 $B_2$　　　　促进铁吸收
- 补充牛黄酸　　　　　　　　宝宝眼睛黑又亮
- 辅食添加应少量　　　　　　每天不超过 2 次
- 辅食少用调味品　　　　　　1 岁前不加盐
- 哺乳妈妈可以多吃一些含铁丰富的食物

　　宝宝开始接触辅食，但营养的主要来源还是母乳或配方奶。辅食只是补充部分营养素的不足，为以饭菜为主要食物做好准备。这个阶段宝宝需要添加的辅食以含碳水化合物、蛋白质、维生素、矿物质的食物为主，包括米粉、蔬菜、水果。此阶段应注重食物的合理搭配，以及辅食是否适应此月龄段的宝宝。至于辅食添加的时间、次数，还要根据宝宝个体差异而定，主要取决于每个宝宝对吃的兴趣和主动性。

一天喝几次奶

辅食种类

宝宝反应

记下宝宝趣事儿

妈妈
别忘记

# 最有爱的小餐桌

## 原味米粉

🕐 准备时间 1 分钟　　🍲 烹饪时间 1 分钟

**主料**

米粉 15 克

**主要营养素**

❋ 碳水化合物、维生素、钙、铁、锌

1 取 15 克米粉，加入三四匙温水，静置一会儿，使米粉充分浸润。

2 用筷子按照顺时针方向搅拌成糊状，盛入碗中，用勺喂宝宝即可。

## 大米汤

🕐 准备时间 1 小时　　🍲 烹饪时间 20 分钟

**主料**

大米 50 克

**主要营养素**

❋ 碳水化合物、蛋白质、钙

1 将大米洗净，用水浸泡 1 小时，放入锅中加入适量水，小火煮至水减半时关火。

2 用汤勺舀取上层的米汤，晾至微温，喂宝宝即可。

# 小米汤

准备时间 2 分钟　　烹饪时间 20 分钟

**主料**

小米 50 克

**主要营养素**

※ 碳水化合物、蛋白质、B 族维生素

1 小米淘洗干净。

2 锅中放入水，待水开后放入小米，小火熬煮至粥熟。

3 粥熟后晾温，取粥上的汁液 20~30 毫升喂宝宝。

# 黑米汤

准备时间 1 小时　　烹饪时间 30 分钟

**主料**

黑米 50 克

**主要营养素**

※ 蛋白质、碳水化合物、B 族维生素、矿物质

1 黑米淘洗干净（不要用力搓），用水浸泡 1 小时，不换水，直接放火上熬煮成粥。

2 待粥温热不烫后，取米粥上层的清液 20~30 毫升，喂宝宝即可。

## 绿豆汤

绿豆含有蛋白质、钙、磷、铁、胡萝卜素等营养成分，具有清热解暑、祛湿解毒、明目等功效。夏天宝宝出汗多，体液损失很大，用绿豆煮汤来补充是最理想的方法。

🕐 准备时间 1 小时　　🍲 烹饪时间 30 分钟

### 主料

绿豆 30 克

### 主要营养素

* 蛋白质
* 钙
* 磷

**宝贝吃辅食**

有一天，我们正在喝绿豆汤。团团眼巴巴地盯着我的碗，还伸出小手来扒我的碗。看来她吃辅食的欲望越来越强了。

绿豆性寒，能够消火去火，但是宝宝肠胃功能能不完善，不宜多食。

**1** 将绿豆淘洗干净，用水浸泡1 小时。

**2** 将绿豆倒入锅中，先用大火煮沸，后转小火煮至绿豆熟烂。

**3** 取上层汤放入碗中，晾温后给宝宝食用即可。

**小妙招**

优质绿豆子粒饱满，很少有破碎的；向绿豆吹一口热气，立即闻会有正常的清香味，没有异味。注意挑选绿豆时不要只看颜色，颜色过于漂亮的很可能是被染过色的。

# 西红柿汁

🕐 准备时间 1 分钟　　🍳 烹饪时间 3 分钟

### 主料

西红柿 1 个

### 主要营养素

※ 胡萝卜素、维生素、矿物质

**1** 把西红柿洗净，用热水烫后去皮。

**2** 用汤匙捣烂，再用消过毒的洁净纱布包好，挤出汁倒入杯中，加入适量温开水调匀，喂宝宝即可。

# 草莓汁

🕐 准备时间 10 分钟　　🍳 烹饪时间 2 分钟

### 主料

草莓 3 个

### 主要营养素

※ 矿物质、维生素 C、胡萝卜素、碳水化合物

**1** 把草莓放在淡盐水里浸泡 10 分钟，然后用清水冲洗干净，去蒂。

**2** 将草莓倒入榨汁机中榨出汁，加入适量温开水调匀，喂宝宝即可。

# 樱桃汁

　　樱桃含铁量居水果首位，维生素 A 含量比葡萄、苹果、橘子多四五倍。宝宝经常食用樱桃，可以满足体内对铁元素的需求，促进血红蛋白再生，既可防治缺铁性贫血，又可增强宝宝体质。

🕐 准备时间 3 分钟　　🍲 烹饪时间 5 分钟

## 主料

樱桃 100 克

## 主要营养素

❋ 铁

❋ 维生素 A

### 宝贝吃辅食

给樱桃去核时比较麻烦，我费了好长时间才能给团团弄好一小杯，不过看到团团大口大口喝得那么开心，也值了。

**1** 樱桃洗净后去梗。

**2** 用一根筷子的头从樱桃底部正中央捅出去，就可以很方便地去掉樱桃的核了。

**3** 将樱桃放入榨汁机中，榨出汁液，过滤掉粗渣，倒入杯中，加适量温开水调匀，喂宝宝即可。

### 小妙招

樱桃外皮呈暗红色的最甜，鲜红色的略微发酸；果梗颜色是绿色的比较新鲜，如果呈黑色就不要购买。

**橙子有止咳的作用**

橙子颜色鲜艳，味道酸甜可口，是宝宝喜欢的辅食食材，并且可以缓解咳嗽症状。

**小妙招**

颜色越深的橙子，含有的维生素越多，甜度越高；表皮手感又厚又硬的很可能是没有完全熟透的，应选择硬度适中的；同样大小的橙子，分量越沉的水分越多，越新鲜。

# 橙汁

　　橙子中维生素 C 的含量很高，还含有丰富的膳食纤维、钙、磷、钾等营养成分，不但能增强机体抵抗力，还可促进肠道蠕动，尤其适合配方奶喂养的宝宝。

 准备时间 1 分钟　　🍲 烹饪时间 5 分钟

**主料**

橙子 1 个

**主要营养素**

❋ 维生素 C

❋ 膳食纤维

**1** 将橙子洗净，横向一切为二。

**2** 再次将橙子对切成小块，用刀削去外皮，将果肉放入榨汁机打成汁。

初次喝橙汁的宝宝，橙汁与温开水的比例可以调配成 1:2，等宝宝慢慢适应后，再变成 1:1 的比例。

**3** 用温开水将橙汁稀释后喂给宝宝。根据橙子甜度不同可适当增减温开水的量。

# 西瓜汁

准备时间 3 分钟　　烹饪时间 5 分钟

**主料**

西瓜瓤 200 克

**主要营养素**

※ 维生素、有机酸、钙

1 将西瓜瓤切块，去掉西瓜子，用勺子捣烂。

2 用纱布过滤出西瓜汁，加等量的温开水调匀后喂宝宝即可。

# 梨汁

准备时间 1 分钟　　烹饪时间 5 分钟

**主料**

梨半个

**主要营养素**

※ 维生素 C、膳食纤维

1 将梨洗净去皮、核，切成小块。

2 将梨块放入榨汁机中，加入 2 倍的温开水榨成汁，过滤出汁液后喂宝宝即可。

# 香蕉汁

⏱ 准备时间 1 分钟　　🍲 烹饪时间 3 分钟

## 主料

香蕉 1 根

### 主要营养素

❋ 碳水化合物、维生素、钾、镁、磷

**1** 香蕉去皮后，掰成段，放入榨汁机里。

**2** 加入适量的温开水榨成汁，调匀，喂宝宝即可。

# 葡萄汁

⏱ 准备时间 5 分钟　　🍲 烹饪时间 5 分钟

## 主料

葡萄 50 克

### 主要营养素

❋ 有机酸、矿物质、维生素

**1** 将葡萄洗净，去皮、去子。

**2** 将葡萄放入榨汁机内，加入适量的温开水，榨成汁，过滤出汁液，喂宝宝即可。

# 甜瓜汁

🕐 准备时间 1 分钟　　🍲 烹饪时间 5 分钟

## 主料

甜瓜半个

## 主要营养素

※ 矿物质、维生素 C

**1** 将甜瓜洗净去皮，去瓤，切成小块。

**2** 将甜瓜块放入榨汁机中，加适量的温开水榨汁，过滤出汁液，喂宝宝即可。

# 玉米汁

🕐 准备时间 1 分钟　　🍲 烹饪时间 5 分钟

## 主料

嫩玉米 1 根

## 主要营养素

※ 淀粉、蛋白质、脂肪

**1** 将嫩玉米煮熟，把玉米粒掰到器皿里。

**2** 按 1:1 的比例，将玉米粒和温开水放到榨汁机里榨汁，去渣取汁，喂宝宝即可。

# 苹果泥

🕐 准备时间 3 分钟　　🍲 烹饪时间 5 分钟

**主料**

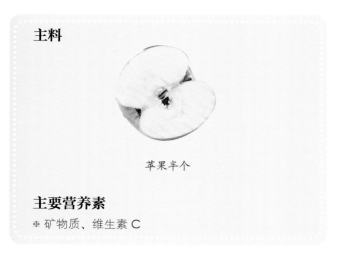

苹果半个

**主要营养素**

❋ 矿物质、维生素 C

**1** 将苹果洗净，对半切开，去核，去皮。

**2** 用勺子把苹果慢慢刮成泥状即可。

# 南瓜泥

🕐 准备时间 5 分钟　　🍲 烹饪时间 20 分钟

**主料**

南瓜 50 克

**主要营养素**

❋ 蛋白质、胡萝卜素

**1** 南瓜去皮、去子，洗净，切成小块。

**2** 将南瓜放入锅中，倒入适量清水，边煮边将南瓜捣碎，煮至稀软即可。

## 土豆泥

🕐 准备时间 2 分钟　　🍲 烹饪时间 15 分钟

**主料**

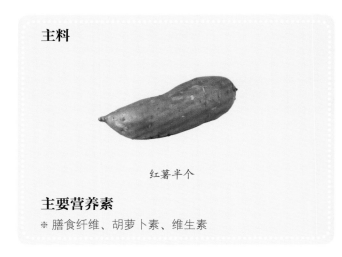

土豆半个

**主要营养素**
❋ 黏蛋白、氨基酸、钾

1 土豆洗净去皮，切成小块，放入碗内，上锅蒸熟，压成泥。

2 加入适量清水拌匀，再上锅蒸 10 分钟，晾温后喂宝宝即可。

## 红薯泥

🕐 准备时间 2 分钟　　🍲 烹饪时间 15 分钟

**主料**

红薯半个

**主要营养素**
❋ 膳食纤维、胡萝卜素、维生素

1 红薯洗净，去皮，切成小块。

2 放入碗内，加水，上笼屉蒸熟，将红薯捣烂，喂宝宝即可。

**先洗后切保营养**
蔬菜，尤其是绿叶蔬菜，最好先清洗干净后再切或者煮好后再切，以免营养流失过多。

**宝贝吃辅食**
团团的身体一直很好。不过吃青菜泥的时候，她开始拉绿便便，我担心是她不适应，就停了一段时间后再少量给她吃。

# 青菜泥

青菜泥可补充 B 族维生素、维生素 C、钙、磷、铁等物质。青菜中还含有大量的膳食纤维，有助于宝宝排便，并保护胃黏膜。

🕐 准备时间 2 分钟　　🍲 烹饪时间 15 分钟

**主料**

青菜 50 克

**主要营养素**
❋ B 族维生素
❋ 维生素 C

**1** 将青菜择洗干净，沥水。

**2** 锅内加入适量水，待水沸后放入青菜，煮 15 分钟后捞出，晾凉并切碎。

**小妙招**

给宝宝吃的青菜，最好选择叶子短、淡绿色的，其品质好，含膳食纤维少，口感细腻。另外，青菜有青梗、白梗之分。叶柄颜色近似白色的味清淡，叶柄颜色淡绿的味浓郁。

**3** 青菜碎放入碗内，用汤勺将青菜碎捣成泥，喂宝宝即可。

# 油菜泥

🕐 准备时间 1 分钟　　🍲 烹饪时间 15 分钟

**主料**

油菜 100 克

**主要营养素**

❋ 钙、铁、钾、维生素 C、膳食纤维

**1** 油菜择洗干净，放入沸水中煮，待软烂后捞出，沥水。

**2** 将油菜的梗去除，留取绿色叶子，放入搅拌机中搅成泥状，盛入碗内，晾温后就可以喂给宝宝吃了。

# 油麦菜泥

🕐 准备时间 1 分钟　　🍲 烹饪时间 15 分钟

**主料**

油麦菜 100 克

**主要营养素**

❋ 维生素、蛋白质、矿物质

**1** 油麦菜挑选较嫩的叶子，清洗干净，放入沸水中煮熟，捞出沥水。

**2** 将油麦菜放入搅拌机中，搅打成泥，盛入碗内，晾温后喂宝宝即可。

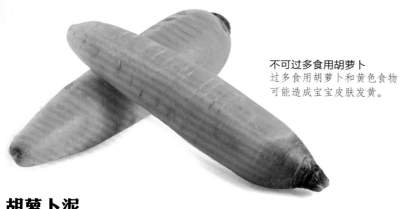

**不可过多食用胡萝卜**
过多食用胡萝卜和黄色食物
可能造成宝宝皮肤发黄。

**小妙招**
胡萝卜要选个头大小适中，外表没
有明显裂口、虫眼的；新鲜的胡萝
卜外皮是自然的橙黄色；拿在手里
掂一掂，感觉沉的就比较新鲜。

# 胡萝卜泥

胡萝卜泥含有丰富的胡萝卜素及其他多种维生素，不仅能为宝宝提供营养，而且鲜艳的颜色和香甜的味道都有助于提高宝宝的食欲。

🕐 准备时间 1 分钟　　🍲 烹饪时间 15 分钟

**主料**

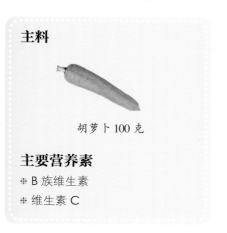

胡萝卜 100 克

**主要营养素**
※ B 族维生素
※ 维生素 C

胡萝卜中所含的胡萝卜素只
有在有油脂参与的情况下才
更有利于消化吸收，所以胡
萝卜最好能跟肉类一起炖，
或者用油煸炒一下。

**1** 将胡萝卜洗净，不用去皮，切成小块。

**2** 锅置火上，加油烧热，将胡萝卜块下锅翻炒 3 分钟。

**3** 将胡萝卜放在蒸屉上，大火蒸熟。

**4** 用汤勺将胡萝卜块碾成泥糊状，盛入碗中即可。

# 吃辅食后的常见问题

6个月以后，宝宝开始长牙，消化功能也逐渐增强。在给宝宝添加辅食的时候，妈妈们遇到了很多小问题。耐心看完下面的内容，会避开很多误区，给宝宝添加辅食更顺利。

**医生妈妈小叮嘱**

❋ 蛋黄不是辅食首选
❋ 满8个月后再加蛋黄
❋ 湿疹宝宝最好不要吃蛋黄 ⚠
❋ 一次只加一种
❋ 1岁内辅食不能加糖和盐
❋ 让宝宝慢慢适应用勺子

## 宝宝的第一口"饭"是蛋黄吗

很多家庭把蛋黄当作宝宝的第一道辅食。其实,这种做法并不妥当。过早添加蛋黄，很容易引起过敏。一般建议在宝宝8个月时开始添加，并且从1/8个蛋黄开始添加，逐渐过渡到1/4个、1/2个、3/4个、1个。

## 宝宝吃了几口米粉就再也不吃了

刚开始添加米粉不要调得太稠，要稍微稀一些，每次喂的量要少。如果宝宝不喜欢吃不要勉强，给他吃饱母乳或配方奶就好。如果宝宝实在不喜欢吃，也可以尝试换换其他品牌的米粉。

## 不爱吃菜泥，能加糖吗

宝宝过早接触甜味的东西，以后很容易偏食、厌食。味觉的早期依赖，对于以后其他辅食的添加会更困难。而且，甜食吃多了，对牙齿的生长也会非常不利。宝宝不爱吃某种菜泥，比如菠菜，下次可以试着换成小白菜、油菜等，并尽量使用蔬菜的叶子，少用或不用茎部。同时量也要逐渐添加，慢慢让宝宝接受新的口味。

宝宝的第一道辅食究竟是什么

🚫 蛋黄不是宝宝辅食的首选，容易引起过敏。

🚫 大多菜水比较寒凉，不应该作为宝宝的第一道辅食。

✅ 婴儿营养米粉，应该是宝宝的第一道辅食。

**绿叶蔬菜选取叶子**
制作辅食的时候尽量选取蔬菜的叶子部分，少用茎。

**医生妈妈小叮嘱**

**拉绿便怎么办**
＊ 适当减少宝宝辅食中绿叶蔬菜的量
＊ 别让宝宝腹部受凉

**爱吃辅食不爱吃奶有办法**
＊ 适当减少辅食的量，切记奶是宝宝的主食
＊ 辅食别添加盐或糖

**吃辅食后腹泻怎么办**
＊ 减少或停止食用某种辅食
＊ 继续母乳喂养或配方奶喂养，随时观察

## 宝宝拉绿便，是因为吃青菜吗

宝宝的辅食中含有绿叶蔬菜，且不能被宝宝完全吸收，便便就会变成绿色。可以适当减少辅食量，让宝宝充分吸收。

另外，母乳喂养的宝宝可能会排出绿便。母乳喂养的宝宝大便呈酸性，大便中的胆红素容易被细菌氧化变为绿色。所以母乳喂养的宝宝正常大便略呈绿色。

当宝宝腹部受凉时，肠胃蠕动加快，宝宝也会排出绿色便便。

## 有了辅食就不爱吃奶了

有的宝宝在添加辅食后不爱吃奶，这可能有以下几个方面的原因。

❶ 添加辅食的时间不是很恰当，可能过早或过晚。❷ 添加的辅食不合理。辅食口味调得比奶浓，使宝宝不再对淡而无味的奶感兴趣了。❸ 添加辅食的量太大。针对这些情况，妈妈可以先喂奶再喂辅食，也可以在宝宝睡前或刚醒迷迷糊糊时喂奶。妈妈还可以适当减少辅食的量，让宝宝能很好地吃奶。

## 喝米汤拉肚子了，什么都不敢喂了

米汤是很养胃的食物，为什么宝宝会拉肚子呢？除了宝宝还没适应米汤外，还可能是以下原因造成的。

❶ 米汤太稠了。给宝宝制作的米汤，米和水的比例要循序渐进，可以从浓度比较低的 1:10 开始添加，然后慢慢过渡到 1:9、1:8。❷ 米汤温度过低。喂米汤之前，一定要先将米汤滴在手腕内侧试一试，如果不烫、不凉，温度就刚刚好。

# Part 3

## 6~7 个月：辅食，一天 2 次就够了

这一阶段宝宝的辅食以流质食物为主，妈妈千万不要着急给宝宝添加其他类型的食物或添加过多辅食。这时候每天给宝宝吃 2 次辅食就可以了，而且要密切观察宝宝对辅食的接受度，如果宝宝适应良好，可适当添加泥糊状食物来锻炼宝宝的咀嚼能力。

宝宝身高

宝宝体重

宝宝大运动能力

记下宝宝趣事儿

妈妈
别忘记

# 满 7 个月的宝宝会这些

几个月前还软软的不知如何抱起来的小家伙，眨眼工夫就可以连续翻身，还可以像模像样地坐在那里……真可谓一天一个样，原来岁月可以流逝得如此之快。

- 远距离视觉开始发展　　能注意远处活动的物体
- 听力比以前更加灵敏　　能分辨不同的声音，并尝试发音
- 对别人的语言有反应　　但还不能明白话语的意思
- 触觉和味觉进一步发展　拿到东西后会看、摸、摇，能分辨味道
- 大运动能力　　　　　　会翻身，可以坐，但坐得不是很好
- 不高兴时会噘小嘴

　　**体重**：本月，宝宝体重每月可增长 450~750 克。男宝宝体重平均为 8.3 千克，正常范围 6.7~10.3 千克。女宝宝体重平均为 7.6 千克，正常范围 6.0~9.8 千克。这个月份的宝宝体重波动性很大，如果宝宝不太爱吃东西，或者是生病，体重会受到较大的影响。但这没有太大关系。宝宝饮食好转会出现补长现象，赶上同月龄宝宝的体重标准。

　　**身高**：这个月的宝宝身高平均增长 2.0 厘米。男宝宝身高平均为 69.2 厘米，在 64.8~73.5 厘米都算正常。女宝宝身高平均为 67.3 厘米，在 62.7~71.9 厘米都算正常。

　　**睡眠**：6~7 个月的宝宝白天睡眠减少，一天共需要睡 12~15 小时，一般白天睡 3 次，每次一至两小时，夜间睡 10 小时左右。

# 6~7 个月宝宝营养补充重点

宝宝越来越好动，运动量越来越大。这时候的宝宝需要注意钙、磷的补充，以促进骨骼的生长和发育。但不提倡盲目补钙，尤其是没有在医生建议下自行给宝宝服用补钙剂。

- 继续提倡母乳喂养　　　　至少每天坚持母乳喂养 3 次
- 补充充足的钙　　　　　　让宝宝的小乳牙快快长
- 多吃绿叶蔬菜　　　　　　补充维生素 K，促进体力、智力双重发育
- 母乳和配方奶是最好的　　牛奶和乳酸饮料不建议给宝宝喝
- 别长时间让宝宝吃流质食物　吃些稍有硬度的食物锻炼咀嚼能力
- 自行服钙剂不妥

　　这个月的宝宝，大多是白天睡两至三次。如果晚上睡前给 200 毫升以上的奶，可能会一直睡到早晨 6~8 点钟。给宝宝安排辅食，可以在上午睡前添 1 次，午睡后再添 1 次。早、中、晚各吃 3 次奶。

　　为了保证长牙期有足够的营养，妈妈应该准备一些新的食物给宝宝吃。除了已经添加的米糊、麦糊、蔬菜泥、果汁外，还可以添加肉类以及面包、馒头等。

一天喝几次奶

辅食种类

宝宝反应

记下宝宝趣事儿

妈妈
别忘记

# 最有爱的小餐桌

## 大米花生汤

🕐 准备时间 1 分钟　　🍲 烹饪时间 20 分钟

**主料**

大米 50 克　　+　　花生仁 15 粒

**主要营养素**

❋ 蛋白质、维生素、铁、钙、磷

1 大米淘洗干净，花生仁一掰两半，与大米同煮成粥。

2 待粥温热不烫后取粥上的清液 30~40 毫升，喂宝宝即可。

## 小米玉米碴汤

🕐 准备时间 1 分钟　　🍲 烹饪时间 20 分钟

**主料**

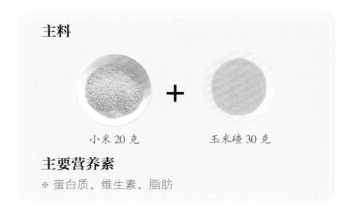

小米 20 克　　+　　玉米碴 30 克

**主要营养素**

❋ 蛋白质、维生素、脂肪

1 将小米、玉米碴淘洗干净，备用。

2 锅中加入适量水，放入小米、玉米碴同煮成粥，晾温后取上面的汤喂宝宝即可。

# 疙瘩汤

⏱ 准备时间 2 分钟　　🍲 烹饪时间 20 分钟

### 主料

面粉 50 克　　＋　　鸡蛋 1 个

### 主要营养素

※ DHA、蛋白质、B 族维生素

1 将面粉中加入适量水，用筷子搅成细小的面疙瘩。

2 锅中加入适量清水，烧开后放入面疙瘩煮熟，鸡蛋取蛋黄搅散，淋入锅内搅匀，盛入碗内，晾温后喂宝宝即可。

# 西瓜桃子汁

⏱ 准备时间 5 分钟　　🍲 烹饪时间 5 分钟

### 主料

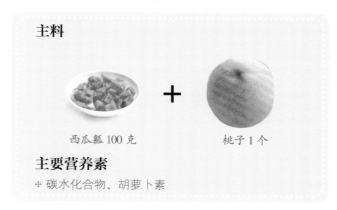

西瓜瓤 100 克　　＋　　桃子 1 个

### 主要营养素

※ 碳水化合物、胡萝卜素

1 将桃子洗净，去皮，去核，切成小块；西瓜瓤切成小块，去掉西瓜子。

2 将桃子块和西瓜块放入榨汁机中，加入适量温开水榨汁，喂宝宝即可。

## 西红柿苹果汁

　　富含维生素 C 的西红柿与富含膳食纤维的苹果，是非常好的搭配。酸酸的西红柿和甜甜的苹果在一起，酸甜的口感跟母乳的味道可是大不一样哦！西红柿苹果汁在补充营养的同时，还能调理肠胃、增强体质、预防贫血。

🕐 准备时间 2 分钟　　🍲 烹饪时间 8 分钟

### 主料

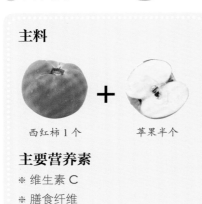

西红柿 1 个　　＋　　苹果半个

### 主要营养素

* 维生素 C
* 膳食纤维
* 番茄红素
* 各种矿物质

### 吃多少就够了

* 第 1 次吃，喂两三小勺就可以，观察宝宝的反应

现在我还记得团团第 1 次喝果汁的小模样，酸透了，可能是苹果偏酸了，没关系，对宝宝来说，食物本来的味道是最好的。

1 将新鲜的西红柿洗净，放入开水中烫片刻，剥去皮，切成小块，用纱布把汁挤出。

2 将新鲜的苹果去皮、去核，切成小块，放在榨汁机里榨汁。

3 取 2 大勺苹果汁放入西红柿汁中，以 1:2 的比例加温开水调匀，喂宝宝即可。

# 鱼菜泥

⏱ 准备时间 5 分钟　　🍲 烹饪时间 15 分钟

**主料**

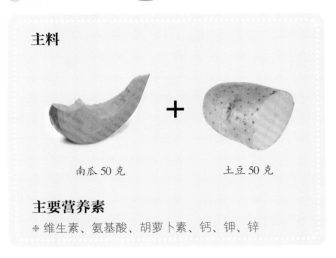

鱼肉 25 克　　＋　　油菜 30 克

**主要营养素**

＊ 蛋白质、维生素

**1** 将油菜、鱼肉洗净后，分别剁成碎末放入碗中，入蒸锅中蒸熟。

**2** 将蒸好的油菜和鱼肉调入适量温开水，搅匀，喂宝宝即可。

# 南瓜土豆泥

⏱ 准备时间 3 分钟　　🍲 烹饪时间 20 分钟

**主料**

南瓜 50 克　　＋　　土豆 50 克

**主要营养素**

＊ 维生素、氨基酸、胡萝卜素、钙、钾、锌

**1** 土豆、南瓜分别去皮，切成小块。

**2** 将土豆块、南瓜块放蒸锅蒸熟，再放入碗中，压成泥。

**3** 在南瓜土豆泥中加入适量温开水，搅拌均匀，喂宝宝即可。

# 鸡汤南瓜泥

南瓜富含维生素 A、氨基酸、胡萝卜素、锌等营养成分，可促进宝宝的生长发育。常吃南瓜，可使大便通畅，肌肤光滑。所以，妈妈可以和宝宝一起食用南瓜。

🕐 准备时间 3 分钟 　　🍲 烹饪时间 20 分钟

**主料**

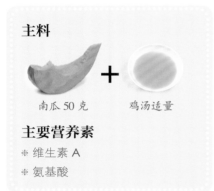

南瓜 50 克 ＋ 鸡汤适量

**主要营养素**

＊ 维生素 A

＊ 氨基酸

常吃南瓜可以降低麻疹的患病概率，也可用于儿童蛔虫、绦虫、糖尿病的治疗。

**小妙招**

老南瓜果肉绵软，味道香甜，适合蒸煮食用。老南瓜的表皮呈橘黄色，比较粗糙，没有光泽，分量重的说明水分较多。表皮泛青的嫩南瓜，果肉比较脆，适合做菜吃。

1 南瓜去皮，洗净后切成丁。

2 将南瓜丁装盘，放入锅中，加盖隔水蒸 10 分钟。

3 取出蒸好的南瓜，倒入碗内，并加入热鸡汤，用勺子压成泥，晾温后喂宝宝即可。

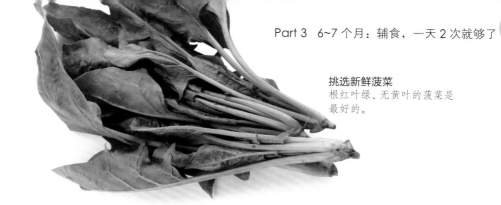

**挑选新鲜菠菜**
根红叶绿、无黄叶的菠菜是
最好的。

# 菠菜猪肝泥

　　猪肝是补血常用的食物，含有丰富的铁，可预防宝宝贫血。其中的维生素 A 对这一时期的宝宝来说显得特别重要，它可以维持正常的生长功能，并能预防夜盲症。猪肝中还具有一般肉类食物不含的维生素 C 和微量元素硒，能增强人体的免疫力。

🕐 准备时间 10 分钟　　🍲 烹饪时间 15 分钟

**主料**

猪肝 10 克　　＋　　菠菜 15 克

**主要营养素**

❋ 蛋白质
❋ 维生素
❋ 铁

**1** 猪肝洗净，除去筋膜，用刀或者边缘锋利的勺子将猪肝刮成泥。

**2** 菠菜选择较嫩的叶子，在开水里焯烫 2 分钟，捞出来切成碎末。

**宝贝吃辅食**

第 1 次做这个菜的时候，我自己尝了一口，有点难以下咽。不过团团竟然吃了一半下去！

**3** 把猪肝泥和菠菜末放入锅中，加清水，用小火煮，边煮边搅拌，直到猪肝熟烂，盛出，晾温后喂宝宝。

## 山药大米羹

山药中含有蛋白质、B 族维生素、维生素 C、维生素 E、碳水化合物、氨基酸、胆碱等营养成分。山药作为高营养食物，非常适合腹泻的宝宝补充营养素。

🕐 准备时间 1 小时　　🍲 烹饪时间 20 分钟

**主料**

山药 30 克　＋　大米 50 克

**主要营养素**

＊ 蛋白质
＊ B 族维生素

过敏体质的宝宝慎食山药。吃山药过敏的话，胸腹及四肢会出现皮疹、瘙痒等症状。

**小妙招**

山药削皮后或者切开处与空气接触会变成紫黑色，这是山药中所含的一种酶所导致的，将去皮后的山药放入清水或加醋的水中浸泡可以防止变色。

**1** 大米淘洗干净，入水浸泡 1 小时；山药去皮洗净，切成小块。

**2** 将大米和山药块一起放入搅拌机中打成汁。

**3** 锅上火，倒入山药大米汁搅拌，用小火煮至羹状，盛出，晾温后喂宝宝。

**清洗红枣有妙招**
在清洗红枣的水中加入少量面粉和食盐，就能将红枣褶皱里的泥沙洗干净。

# 红薯红枣羹

　　红薯中蛋白质组成比较合理，必需氨基酸含量高，赖氨酸和精氨酸含量也较高，可以促进宝宝的生长发育，提高宝宝的抵抗力。此外红薯中的淀粉也很容易被人体吸收。红枣含有蛋白质、糖类、维生素 A、维生素 C 等丰富的营养成分，可抗过敏、益智健脑、增强食欲。红薯红枣羹是宝宝迅速成长发育时的理想辅食。

🕙 准备时间 5 分钟　　🍲 烹饪时间 15 分钟

**主料**

红薯 20 克　＋　红枣 4 颗

**主要营养素**
* 膳食纤维
* 维生素
* 糖类

**1** 将红薯去皮，切块；红枣去核。

**2** 将红薯块、红枣放入碗中，隔水蒸熟。

**宝贝吃辅食**
香甜可口的红薯红枣羹团团特爱吃。红枣含糖量比较高，所以每次吃完我都会多给她喂些温开水，以防损伤牙齿。

**3** 将蒸熟后的红枣去皮，红薯、红枣中加入适量温开水捣成泥状，晾温后喂宝宝。

## 菠菜米糊

🕐 准备时间 2 分钟　　🍲 烹饪时间 8 分钟

**主料**

米粉 20 克　　　　　菠菜 10 克

**主要营养素**

＊ 蛋白质、碳水化合物、维生素

1 将米粉加温开水搅成糊，放入锅中，大火煮 5 分钟。

2 将菠菜洗净，剁成泥，与米粉共煮，煮至菠菜软烂，盛出，晾温后喂宝宝。

## 芹菜米糊

🕐 准备时间 3 分钟　　🍲 烹饪时间 8 分钟

**主料**

芹菜 50 克　　　　米粉适量

**主要营养素**

＊ 蛋白质、维生素、磷、铁

1 米粉加入适量温开水搅拌成糊；芹菜选取嫩叶子，清洗干净后切碎。

2 把米糊放入锅中，小火边煮边搅拌，加入芹菜叶继续煮 2 分钟，盛出，晾温后喂宝宝。

**洗草莓别去蒂**
去蒂洗草莓容易使残留农药
由此进入草莓内部。

**宝贝吃辅食**
我怀团团的时候就爱吃草莓，团团也爱吃。宝宝没长牙时不要直接喂草莓，要打成汁，等长牙后，就可以直接喂啦！

## 草莓藕粉羹

　　草莓中维生素 C 的含量比苹果、葡萄高 7~10 倍，而它的胡萝卜素、苹果酸、柠檬酸、钙、磷、铁的含量也比苹果、梨、葡萄高 3~4 倍，是宝宝补充维生素的最佳选择。

🕐 准备时间 1 分钟　　🍲 烹饪时间 20 分钟

**主料**

草莓 2 个　　＋　　藕粉 20 克

**主要营养素**
❈ 维生素 C
❈ 矿物质
❈ 碳水化合物

**1** 藕粉加水调匀；锅置火上，加水烧开，倒入藕粉，小火熬煮，边熬边搅动，熬至透明。

**2** 草莓洗净，切块，放入搅拌机中，加适量温开水，一同打匀。

没吃过藕粉的宝宝，最好将藕粉换成吃过的米粉或是米汤。

**3** 藕粉盛入碗内，将草莓汁过滤，倒入藕粉中调匀，即可喂宝宝。

## 土豆苹果糊

　　土豆苹果糊可说是土豆泥的升级版，加入苹果后不会觉得特别干，好吃又易消化。土豆苹果糊不仅能为宝宝补充宏量元素，而且微量元素如维生素 C、B 族维生素的含量也非常高，尤其是土豆中钾的含量，可以说在蔬菜里排第一。

准备时间 5 分钟　　烹饪时间 10 分钟

### 主料

土豆 20 克　　＋　　苹果半个

### 主要营养素

＊ 碳水化合物

＊ 维生素

＊ 脂肪

表皮粗糙的土豆口感绵软一些，更适合做土豆泥。

### 小妙招

土豆挑选外皮薄且没有水泡、没有损伤的比较好。颜色浅黄，质地较为紧密的土豆比较新鲜。尽量挑选外皮比较干燥的，容易储藏。

1 土豆去皮，切成小块，上锅蒸熟后捣成土豆泥。

2 苹果去皮，去核，用搅拌机打成泥状。

3 将土豆泥和苹果泥放入碗中，加入温开水调匀，给宝宝吃即可。

**青菜不要过度清洗**

妈妈担心农药残留，总是把青菜洗了又洗，其实这样做反而会使营养流失。

# 青菜面

　　青菜面的主要营养成分有蛋白质、碳水化合物、B 族维生素、维生素 C、钙、磷、铁等物质。面条富含碳水化合物，能够提供足够的能量，并且易于消化，可减少肠胃疾病的发生，是宝宝辅食的常见食物。

🕐 准备时间 2 分钟　　🍲 烹饪时间 15 分钟

**主料**

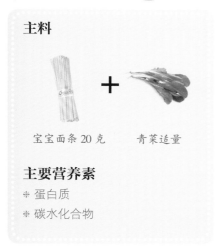

宝宝面条 20 克　　青菜适量

**主要营养素**

\* 蛋白质
\* 碳水化合物

**1** 青菜择洗干净后，放入热水锅中烫熟，捞出晾凉后，切碎并捣成泥。

**2** 将宝宝面条掰成短小的段，放入沸水中煮软。

如果宝宝长牙了，也可以不把青菜捣成泥，而让宝宝学着咀嚼青菜叶子，不过叶子还是要切得小一些。

**3** 起锅后盛入碗中，加入适量青菜泥，给宝宝吃即可。

# 吃辅食后的常见问题

这个月，母乳喂养的宝宝刚刚添加辅食不久，妈妈不要过于追求宝宝吃辅食的量。不要着急，要循序渐进地添加，主食还是以母乳或配方奶为主。一天添加2次辅食就够了，每次辅食量也不宜过多，以免引起宝宝消化不良。

**医生妈妈小叮嘱**

* 最晚满 7 个月要开始添加辅食
* 过早吃成人食物危害重重
* 2 岁半到 3 岁后，才可以进食部分成人食物
* 宝宝发育缓慢要多方面排查原因 ⚠
* 本月不应注重辅食量的增加，奶还应当作为主食 ⚠

## 不爱辅食的宝宝，最晚这个月也要开吃啦

本月的宝宝绝不能单纯母乳喂养了，必须添加辅食。添加辅食主要目的是补充铁以及多种营养素，否则宝宝可能会出现贫血。除了继续添加上个月添加的辅食，还可以添加肉末、烂面条，各种碎菜。值得注意的是，未曾添加过的新辅食，不能一次添加2种或2种以上。一天之内也不能添加2种或2种以上的肉类、水果。

## 吃了辅食，宝宝体重增长缓慢

宝宝体重增长缓慢一般有3方面的原因：营养摄入不足、消化吸收不良、慢性疾病的异常消耗。妈妈要谨记：1.5岁内的宝宝还是应以奶为主食。宝宝辅食中首先要考虑的是宏量营养素的摄入，即蛋白质、脂肪和碳水化合物。如果宝宝经常进食不足或者根本没有进食辅食，很容易导致生长发育缓慢。另外，如果宝宝的大便中有很多原始食物颗粒或者大便量很多，说明消化不良，也会导致宝宝体重增长缓慢。慢性咳嗽、气喘、支气管炎等都会不同程度地影响宝宝进食，进而影响宝宝体重增长。

7 个月宝宝可以吃什么

米糊是宝宝一开始就可以添加的辅食，这个月可以混合些蔬菜泥吃了。

各种蔬菜泥都可以吃了，而且可以吃些蔬菜茎做的泥了。

肉泥也可以吃了，最好从鱼虾开始添加，然后是禽肉，最后是畜肉。

**宝贝吃辅食**

团团有一次腹泻特别厉害，我只能给她吃小米粥。对胃口好的她来说，腹泻不可怕，可怕的是很多东西都不能吃！

**小米粥是腹泻宝宝的主要辅食**
宝宝腹泻时吃小米粥，可减少肠道蠕动，并且小米有养胃的功效。

## 湿疹的宝宝能继续喂辅食吗

小儿湿疹，俗称"奶癣"，是一种过敏性皮肤病。宝宝湿疹发作大多与饮食有关，建议宝宝的食物中要有丰富的维生素、矿物质和水，而碳水化合物和脂肪要适量。如果宝宝有湿疹症状，妈妈要暂停给宝宝吃可能引发过敏症状的食物。如果情况严重可完全停喂辅食。

还有一种情况是，妈妈吃哈密瓜、菠萝等热性水果可能会通过母乳致使宝宝过敏，所以妈妈也要注意尽量不吃易致敏的食物。

## 宝宝只吃流食怎么办

宝宝吃稍微浓稠些的食物会出现干呕，说明宝宝还不会吞咽食物。妈妈不要急，这需要慢慢锻炼。喂食最好使用勺子而不是奶瓶，这样有助于宝宝更快地学会吞咽。

## 宝宝腹泻了，吃什么比较好

腹泻是婴幼儿最常见的多发性疾病。腹泻宝宝的辅食要以软、烂、温、淡为原则，选择无膳食纤维、低脂肪的食物，比如大米汤、鱼菜泥就很适合腹泻的宝宝食用。

## 宝宝不喜欢吃米粉，加点青菜就吃

长期吃原味米粉，宝宝可能会腻，加上一些蔬菜泥或者肉泥，使其味道更加丰富，宝宝就喜欢吃了。这种情况很正常，就和我们成人一样，再美味的食物天天吃也会腻味。所以给宝宝做辅食要注意变换口味，当然每次添加新食物，要观察宝宝的情况，并持续 1 周。

**医生妈妈小叮嘱**

❋ 患湿疹的宝宝尽量避免吃易过敏的食物

❋ 妈妈的饮食也会导致宝宝过敏

❋ 吞咽需要学习和锻炼

❋ 宝宝吃辅食困难时，应喂几口温开水

❋ 长期吃流食不利于宝宝的生长发育 ⚠

❋ 腹泻宝宝应吃无膳食纤维、脂肪少的食物，减少肠道蠕动

❋ 辅食添加应 1 次 1 种，每种食物应观察 1 周

❋ 长期吃 1 种食物宝宝会腻，而且营养也不均衡

❋ 在遵循辅食添加原则的基础上，应变换口味给宝宝做辅食

# Part 4

# 7~8 个月：可以吃蛋黄了

宝宝满 8 个月后，胃液可以充分发挥消化蛋白质的作用，这时候可以适当吃蛋黄了。而且，这个阶段是锻炼宝宝咀嚼能力的关键期，适当给宝宝吃一些软固体食物很有必要。

# 满 8 个月的宝宝会这些

常说人生是一次探险，8 个月的宝宝开始不满足于眼前的一切，他们要爬，要用自己的四肢去开拓更宽广的世界。不要老是把宝宝闷在家里教宝宝"知识"，外面的世界更精彩。

宝宝身高

宝宝体重

宝宝大运动能力

记下宝宝趣事儿

妈妈别忘记

- 开始有选择性地看　　　　会记住自己感兴趣的东西
- 对特定音节产生反应　　　对"爸爸"、"妈妈"等词语反应强烈
- 动作开始有意向性　　　　会自己匍匐爬行、坐起、躺下，会用一只手去拿东西
- 能把语言和物品联系起来　能听懂简单的语言
- 精细动作能力增强　　　　会撕纸了，并会把纸放进嘴里
- 嘴里"咿咿呀呀"好像在叫爸爸妈妈

体重：本月开始，宝宝的体重增长速度变缓慢了。男宝宝平均体重为 8.6 千克，正常范围 6.9~10.7 千克。女宝宝平均体重为 8.2 千克，正常范围 6.3~10.2 千克。

身高：本月的宝宝，身高可增长 1.0~1.5 厘米，渐渐显示出"幼儿"的模样了。男宝宝平均身高为 70.6 厘米，正常范围 66.2~75.0 厘米。女宝宝平均身高为 68.7 厘米，正常范围 64.0~73.5 厘米。

睡眠：宝宝白天的睡眠时间缩短，夜间睡眠时间相对延长，这段时间要培养宝宝的睡眠习惯。

# 7~8 个月宝宝营养补充重点

满 8 个月的宝宝陆续长牙了，有的宝宝已经长了两三颗牙。一些宝宝已经能坐得很稳了，活动能力进一步增强。活动量越来越大的宝宝需要补充蛋白质、矿物质、维生素和热量，因此需要变换辅食花样，保证均衡营养。

- 先别断奶　辅食意在辅助，母乳中的营养成分仍是宝宝所需要的
- 别长时间让宝宝吃流质食物　吃些稍有硬度的食物锻炼咀嚼能力
- 宝宝饮食不要加盐　天然食物中存在的盐已能满足宝宝的需求
- 可以吃蛋黄了　从少量开始添加
- 长牙期需补充多种营养　补充矿物质、蛋白质、维生素
- 辅食花样翻新会提高宝宝食欲

　　这个月的宝宝可以尝试的"美食"更多了，如芋头、蛋黄、碎菜、碎肉等，宝宝都可以尝试，并开始接受了。此时，为宝宝做饭要花点儿心思，如果总是吃一两种食物，即便是大人，也会没胃口。因此，在适应宝宝消化、吞咽、咀嚼能力发展的基础上，经常为宝宝变换些口味，也是提高宝宝食欲的一种好办法。

　　为了养成宝宝独立进餐的习惯，现在可以开始给宝宝准备座椅和餐具了，最好给宝宝用儿童餐椅，餐椅要与饭桌同高，这样宝宝能看到桌上的饭菜，能看着大人吃饭。餐具最好是用安全塑料制成的，无毒无刺激的，勺子主要是充当玩具，防止他的小手到餐桌上乱抓一气，但不要给他筷子之类的细长硬物，以确保安全。宝宝的胃口很小，别指望他一次能吃掉你辛苦准备半天的食物。

一天喝几次奶

辅食种类

宝宝反应

记下宝宝趣事儿

妈妈别忘记

# 最有爱的小餐桌

## 紫菜鸡蛋汤

🕐 准备时间 2 分钟　　🍲 烹饪时间 2 分钟

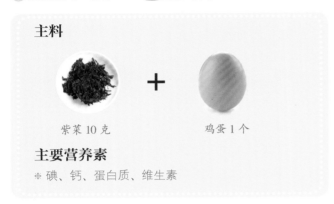

**主料**

紫菜 10 克　　＋　　鸡蛋 1 个

**主要营养素**

＊ 碘、钙、蛋白质、维生素

1 紫菜洗净，切成末；鸡蛋只取蛋黄打散。

2 锅内加水煮沸后，淋入蛋黄液，下紫菜末，
煮 2 分钟，盛出，晾温喂宝宝就可以了。

## 荷叶绿豆汤

🕐 准备时间 1 分钟　　🍲 烹饪时间 10 分钟

**主料**

鲜荷叶 1 张　　＋　　绿豆 30 克

**主要营养素**

＊ 蛋白质、不饱和脂肪酸、维生素 C

1 将绿豆洗净，鲜荷叶洗净切碎。

2 绿豆、荷叶同放入砂锅中加水煮到绿豆开
花，晾温后取汁给宝宝喝。

**芋头要蒸熟煮烂**
吃芋头一定要蒸熟煮烂，否则会引起食物中毒。

# 芋头丸子汤

芋头丸子汤富含蛋白质、钙、磷、铁、胡萝卜素等营养物质，还含有丰富的低聚糖，低聚糖能增强宝宝身体的免疫力。另外，芋头含硒量也较高，可以让宝宝的眼睛更明亮！

🕐 准备时间 10 分钟　　🍲 烹饪时间 20 分钟

**主料**

芋头 50 克　　　＋　　　牛肉 50 克

**主要营养素**
※ 蛋白质
※ 低聚糖
※ 硒

**1** 芋头削去皮，洗净，切成丁。

**2** 将牛肉洗净，切成碎末，切好的肉末加一点点水沿着一个方向搅打上劲，做成丸子。

给宝宝食用丸子时，不要将一整个丸子喂给宝宝，以免发生危险。最安全的方式是用勺子将丸子分成若干小块，慢慢喂食。

**3** 锅内加水，煮沸后，下入牛肉丸子和芋头丁，煮沸后再小火煮熟，盛入碗中即可。

**小妙招**
好的芋头表皮没有斑点、干萎、霉变腐烂的情况，外皮没有伤痕。新鲜的芋头须根少而且比较黏，带有泥，有湿气。芋头个头越大越好，不过同样大小的芋头，分量越轻的含淀粉越多，口感越好。

# 芒果椰子汁

🕐 准备时间 3 分钟　　🍲 烹饪时间 5 分钟

**主料**

芒果 1 个　　　　椰子汁 50 克

**主要营养素**
※ 胡萝卜素、植物蛋白

1 芒果洗净，去皮，去核；将芒果肉与适量温开水一起放入榨汁机榨汁。

2 将芒果汁兑入等量的椰子汁中，喂宝宝即可。

# 苹果芹菜汁

🕐 准备时间 2 分钟　　🍲 烹饪时间 10 分钟

**主料**

苹果半个　　　　芹菜 50 克

**主要营养素**
※ 蛋白质、铁

1 将芹菜择洗干净，切成小段。

2 苹果洗净，去皮，去核，切成小块。

3 将芹菜段、苹果块放入榨汁机中，加适量温开水，榨汁，喂宝宝即可。

西红柿防中暑
西红柿熬汤热饮，
可防中暑。

**宝贝吃辅食**

团团 8 个月大时有了一定的吞咽能力，所以我处理鸡肝时没有打成细腻的泥，这样她在吃的时候能感觉到小颗粒。

## 西红柿鸡肝泥

　　西红柿所含苹果酸、柠檬酸等有机酸，能增加胃酸浓度，调整胃肠功能；其中所含的果酸及膳食纤维，有助消化、润肠通便的作用，可防治便秘。鸡肝富含维生素 A 和微量元素铁，是宝宝补铁的佳选。

⏱ 准备时间 30 分钟　　🍲 烹饪时间 5 分钟

**主料**

西红柿半个　＋　鸡肝 30 克

**主要营养素**

❋ 蛋白质
❋ 维生素
❋ 铁

**1** 鸡肝用水浸泡 30 分钟后，放入冷水锅中，煮熟，然后切成末。

**2** 西红柿洗净，放入开水中烫一下，捞出后去皮，放入碗中，捣烂。

最好买生鸡肝自己做，熟鸡肝比较不容易辨别是否新鲜。

**3** 西红柿泥中倒入鸡肝末，搅拌成泥糊状，蒸 5 分钟，晾温给宝宝吃。

# 葡萄干土豆泥

葡萄干土豆泥质软、稍甜，是一道营养丰富的宝宝食谱哦！土豆的营养非常丰富，而且结构合理，可以为宝宝提供大量的热量。葡萄干含有膳食纤维和酒石酸，能让排泄物快速通过直肠，减少污物在肠中停留的时间；葡萄干含铁极为丰富，是婴幼儿和体弱贫血者的滋补佳品。

🕙 准备时间 10 分钟　　🍲 烹饪时间 20 分钟

**主料**

土豆 50 克　＋　葡萄干 10 克

**主要营养素**

❊ 维生素
❊ 葡萄糖
❊ 钙
❊ 铁
❊ 钾

1　葡萄干用温水泡软，切碎。

2　土豆洗净，煮熟后去皮，碾成土豆泥，加入葡萄干碎。

**宝贝吃辅食**

土豆泥加上葡萄干碎让宝宝吃得很带劲。回想她刚开始吃颗粒食物时，把食物都吐了出来，弄得我手忙脚乱的。

3　锅烧热，加适量水煮沸，放入土豆泥、葡萄干碎，转小火煮 3 分钟，出锅后晾温喂宝宝即可。

# 茄子泥

🕐 准备时间 5 分钟　　🍲 烹饪时间 12 分钟

**主料**

茄子 40 克　　＋　　芝麻酱适量

**主要营养素**

※ B 族维生素、钙、磷、铁

1 将茄子洗净后切成细条，隔水蒸 10 分钟左右。

2 把蒸烂的茄子去皮，捣成泥，加入适量调制好的芝麻酱，拌匀，晾温后喂宝宝吃。

# 鸡蛋布丁

🕐 准备时间 3 分钟　　🍲 烹饪时间 7 分钟

**主料**

鸡蛋 1 个　　＋　　配方奶 80 毫升

**主要营养素**

※ 蛋白质、卵磷脂、铁

1 鸡蛋磕入碗内，取出蛋黄打成蛋黄液。

2 把配方奶缓缓倒入蛋黄液中拌匀，放入锅中，隔水蒸熟，晾温后喂宝宝吃。

# 肝末鸡蛋羹

🕐 准备时间 5 分钟　　🍲 烹饪时间 7 分钟

## 主料

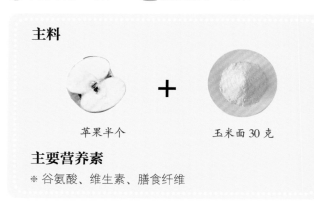

鸡蛋 1 个　　　　　鸭肝 1 块

### 主要营养素
＊ 蛋白质、卵磷脂、铁

1 鸭肝煮熟后切碎，备用。

2 鸡蛋取蛋黄，加适量温开水打匀，放入鸭肝碎搅匀，隔水蒸 7 分钟左右出锅，晾温后喂宝宝。

# 苹果玉米羹

🕐 准备时间 3 分钟　　🍲 烹饪时间 50 分钟

## 主料

苹果半个　　　　　玉米面 30 克

### 主要营养素
＊ 谷氨酸、维生素、膳食纤维

1 苹果洗净，去核、去皮，切块。

2 把苹果放入汤锅中，加适量水，大火煮开，边搅拌边放入玉米面，小火煲 40 分钟出锅，晾温喂宝宝。

# 蛋黄鱼泥羹

　　鱼肉中富含不饱和脂肪酸 DHA，可使脑神经细胞间的讯息传达顺畅，提高宝宝的脑细胞活力，增强记忆、反应与学习能力。蛋黄中的铁含量丰富，是宝宝补铁的主要食物之一。

🕐 准备时间 1 分钟　　🍲 烹饪时间 20 分钟

## 主料

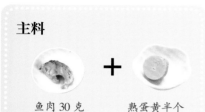

鱼肉 30 克　＋　熟蛋黄半个

## 主要营养素

❋ 蛋白质
❋ DHA
❋ 铁

### 宝贝吃辅食

团团喜欢吃鱼，经常是喂了一口就急着再吃一口。有时候急得她能发出类似"yu"的发音。

注意给宝宝尝试不同种类的鱼，可以让宝宝品尝不同的口味，不容易偏食。烹饪方式最好是清蒸，原汁原味有利于宝宝的味觉发育。

1 将熟蛋黄用勺子压成泥，备用。

2 将鱼肉放入碗中，然后上锅蒸 15 分钟，剔除皮、刺，用小勺压成泥状。

3 将鱼肉泥加适量温开水搅拌均匀，撒上熟蛋黄泥，再次搅拌均匀，用小勺喂宝宝吃。

## 青菜玉米糊

　　玉米营养丰富，含有蛋白质、多种维生素及微量元素。玉米中的维生素 $B_6$、烟酸等成分，具有刺激胃肠蠕动，加速排便的功能，可防治宝宝便秘、肠炎等不适症状。青菜是含维生素和矿物质丰富的蔬菜之一，可强身健体。

🕐 准备时间 1 分钟　　🍲 烹饪时间 20 分钟

### 主料

青菜 50 克　+　玉米面 30 克

### 主要营养素
※ 蛋白质
※ 维生素 $B_6$

### 吃多少就够了
※ 经过前 2 个月的适应，相信宝宝能够接受米糊类食物了，这个月可适当增加喂养量。

**1** 青菜择洗干净，放入锅中焯熟，捞出晾凉后切碎并捣成泥。

**2** 玉米面用晾凉的开水稀释，一边加水一边搅拌，调成糊状。

**3** 锅内加水烧开，边搅边倒入玉米糊，防止煳锅底和外溢。水滚开后，改为小火熬煮，玉米面煮好后放入青菜泥调匀，盛出，晾温后喂宝宝。

### 宝贝吃辅食
我小时候不爱吃玉米糊，不过团团倒是很喜欢，每次都把小碗里的玉米糊吃得干干净净。

# 冬瓜粥

准备时间 1 分钟　　烹饪时间 20 分钟

**主料**

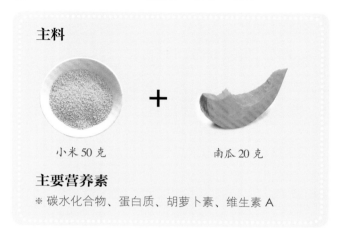

大米 50 克　　　　冬瓜 20 克

**主要营养素**

※ 蛋白质、维生素 C、胡萝卜素

1 大米淘洗干净；冬瓜洗净，去皮，切成小丁。

2 将冬瓜和大米一起熬煮成粥，盛入碗中，晾温后喂宝宝即可。

# 小米南瓜粥

准备时间 1 分钟　　烹饪时间 20 分钟

**主料**

小米 50 克　　　　南瓜 20 克

**主要营养素**

※ 碳水化合物、蛋白质、胡萝卜素、维生素 A

1 南瓜去皮，去子，切成小块；小米洗净，备用。

2 将南瓜和小米一起放入锅内，加水，大火煮沸，转小火煮至小米和南瓜软烂，盛入碗中，晾温，喂宝宝即可。

## 鱼肉粥

🕐 准备时间 3 分钟　　🍲 烹饪时间 40 分钟

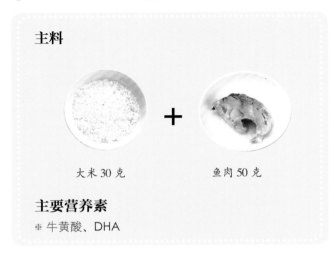

主料

大米 30 克　　＋　　鱼肉 50 克

**主要营养素**
※ 牛黄酸、DHA

1 鱼肉洗净去刺，剁碎成泥状；大米淘洗干净。

2 将大米入锅煮成粥，煮熟时加入鱼泥煮 10 分钟即可出锅，晾温后喂宝宝。

## 鸡肉粥

🕐 准备时间 1 分钟　　🍲 烹饪时间 35 分钟

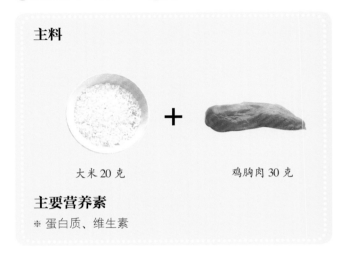

主料

大米 20 克　　＋　　鸡胸肉 30 克

**主要营养素**
※ 蛋白质、维生素

1 将大米淘洗干净；鸡胸肉煮熟后撕成细丝，并剁成肉泥。

2 大米放入锅内，加水慢火煮成粥。煮到大米完全熟烂后，放入鸡肉泥再煮 3 分钟即可出锅，晾温后喂宝宝。

# 白菜烂面条

🕐 准备时间 1 分钟　　🍲 烹饪时间 20 分钟

**主料**

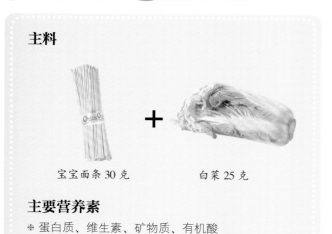

宝宝面条 30 克　　　　　白菜 25 克

**主要营养素**

✽ 蛋白质、维生素、矿物质、有机酸

**1** 将白菜洗净后用热水烫一下，捞出晾凉，切碎。

**2** 将面条掰碎，放入锅中，煮沸后，放入白菜碎，煮熟即可盛入碗中，晾温后喂宝宝。

# 青菜面片

🕐 准备时间 1 分钟　　🍲 烹饪时间 20 分钟

**主料**

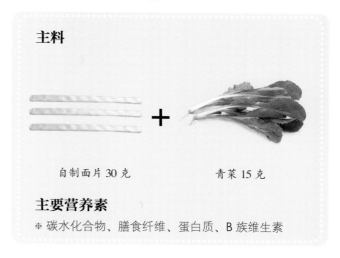

自制面片 30 克　　　　　青菜 15 克

**主要营养素**

✽ 碳水化合物、膳食纤维、蛋白质、B 族维生素

**1** 青菜洗净，烫熟，切碎。

**2** 面片切成小段，下入锅中煮熟软，加入适量青菜碎稍煮即可盛出，晾温后喂给宝宝。

# 吃辅食后的常见问题

这一阶段，宝宝的饮食变得更加丰富了。鱼、肉、蛋都可以吃了，丰富的食材能供给宝宝充足的营养和热量，让宝宝健康成长。相信这个时期妈妈遇到了不少问题，不要急，慢慢来。

## 医生妈妈小叮嘱

❉ 满 8 个月的宝宝可以吃蛋黄了

❉ 一旦宝宝吃蛋黄过敏严重，就要停止喂蛋黄至少 3 个月 ⚠

❉ 宝宝喜欢甜味和咸味，但是制作辅食不宜"味道太好"

❉ 辅食味道过重会导致宝宝厌奶

❉ 纠正厌奶要利用宝宝喜欢的味道作"诱饵" ⚠

❉ 食物的性状要符合宝宝的进食能力，过粗的食物易使宝宝消化不良

❉ 添加辅食不要急，留给宝宝足够的时间来适应

## 宝贝吃辅食

有段时间，团团的体重没增加。我很着急，便给她加了很多的肉类辅食，没想到分量放得太多，她有点消化不良了。

## 宝宝第一次吃蛋黄就吐了，还能吃吗

宝宝添加蛋黄的时间在 8 个月比较合适，而脾胃弱、消化差、有过敏史的宝宝要满 10 个月后再吃蛋黄。宝宝出现呕吐、腹泻、红疹等过敏症状，需要停止喂养蛋黄至少 3 个月，并及时就医。

鸡蛋煮熟了，把蛋黄直接喂给宝宝是很传统的做法，但不提倡。蛋黄比较干，而宝宝经常喝奶，添加辅食后吃的都是流质食物和泥糊状食物，容易有抵触心理。而且，宝宝直接吃蛋黄容易呛到，有一定的风险。应该用温开水搅拌一下，调成均匀的蛋黄泥。

## 宝宝厌奶怎么办

宝宝天生喜欢甜味和咸味，一旦他喜欢上了某种味道，就会对偏淡的配方奶和母乳失去兴趣。想要纠正宝宝的厌奶问题，首先要知道宝宝喜欢什么味道，然后再利用这种味道作为"诱饵"，使宝宝逐渐恢复对奶的兴趣。比如，喂配方奶时，可加入少量果汁，喂母乳时，在乳头涂抹上一点果汁，这样容易使宝宝接受并进食。以后再逐渐将果汁的量和涂抹次数减少，直至恢复到正常喂养。

## 宝宝大便中出现很多食物颗粒

出现这种情况的话，说明食物的性状不太适合宝宝。一方面是因为宝宝的肠胃功能尚不成熟，还不足以将其完全消化；另一方面，宝宝的咀嚼能力欠佳，没有将食物充分研磨。建议妈妈将食物制作得再稍微细腻一些，颗粒状食物添加的量从少到多，给宝宝足够的时间来适应。

## 为什么宝宝不爱吃肝泥

　　肝的味道不太好，宝宝起初可能不太容易接受。不过我们可以想办法把肝泥做得好吃一些。首先要挑选新鲜的肝脏，一次不要买太多。因为宝宝每周吃一次肝泥就可以了，而肝脏又容易变质，不易保存。在制作时，可以将少量花椒粒放在水中，然后放入肝脏，浸泡 30 分钟，可以有效除去肝脏的异味。用刀背敲一下肝脏，让筋膜自然分离，取出筋膜，腥气就会减轻。另外，可以再搭配上宝宝喜欢吃的食物进行烹饪，这样他就更容易接受肝泥了。

## 宝宝不爱吃辅食怎么办

　　一些妈妈认为宝宝喜欢吃某种食物，就总是做给他吃，结果宝宝却吃得越来越少，而妈妈就以为宝宝不爱吃辅食。其实，我们可以变着花样做辅食，这样就能增进宝宝的食欲了。如果宝宝还是对进食没什么兴趣，你也可以选择颜色鲜艳的餐具来吸引宝宝的注意力。饭前提醒宝宝，宝宝心理上会有准备，有助愉快进餐。如果宝宝有自己动手吃的欲望，妈妈可以帮宝宝洗净小手，让宝宝自己拿小勺吃或用手抓食物吃。这样既锻炼了宝宝的动手能力，也增强了宝宝的食欲，还满足了宝宝的好奇心。

## 给宝宝吃鱼松、肉松好吗

　　鱼松食用方便，而且不用担心鱼刺问题。然而，有研究表明，鱼松中氟化物含量比较高。氟化物在体内蓄积，容易导致宝宝食物性氟化物中毒。所以，鱼松可以吃，但是不能当作营养品长期食用，更不能成为宝宝摄取鱼肉的唯一来源。同样，肉松也是很简便的食物，但也不能常吃。有些低档肉松中含有防腐剂、染色剂和味精，对宝宝的身体健康有潜在的安全隐患。

宝宝不爱吃辅食怎么办

 用玩具哄，边玩边吃，容易导致消化不良，而且会养成不好的进餐习惯。

 选购宝宝喜爱的餐具，鲜艳的颜色、可爱的图案都可以增进宝宝的食欲。

 让宝宝自己动手吃，提高宝宝动手能力，满足其好奇心。

# Part 5

## 8~9 个月：爱上小面条

满 9 个月的宝宝，吃辅食也有一段时间了，对汤啊、泥啊、羹啊，基本都适应了。很多宝宝已经萌出了乳牙，这时候他们会非常喜欢吃小面条。妈妈可以给他吃些稀粥、面条、蔬菜碎，这样能更好地锻炼宝宝的咀嚼和吞咽能力。

# 满 9 个月的宝宝会这些

宝宝每时每刻都在模仿中学习和成长着，小家伙不但模仿父母，还对着镜子又乐又拍手，真不知道是谁在模仿谁。此时宝宝能够随心所欲地躺下、坐起、爬行、扶着迈步走，一刻也不能离开人，妈妈再也不能把宝宝单独留下，要时时刻刻盯着他。

- 看的能力进一步增强　　　　　能够有目的地去看
- 对声音的刺激特别感兴趣　　　有任何风吹草动逃不过他的耳朵
- 运动能力增强　　　　　　　　可以自由坐卧了，扶着东西可以站立一会儿
- 进一步理解语言　　　　　　　依靠情境可以理解"吃饭饭了"、"妈妈喂"等语言了
- 可以理解物体的性质　　　　　通过眼、手、嘴、牙、舌头全方位认识事物
- 对父母更加依恋

　　体重：这个月宝宝的体重平均增长 220~370 克。男宝宝体重平均为 9.2 千克，正常范围 7.1~11.0 千克。女宝宝体重平均为 8.6 千克，正常范围 6.5~10.5 千克。

　　身高：这个月宝宝身高平均增长 1.0~1.5 厘米。男宝宝身高平均为 72.0 厘米。女宝宝身高平均为 70.1 厘米。

　　睡眠：这个月宝宝的睡眠越来越有规律，白天可以睡 1~2 觉，每次 2 个小时左右，夜间可以睡 10 个小时左右。在这个阶段，有少数宝宝甚至白天完全不睡，有的则是由 2 次减为 1 次，但也有的宝宝还始终保持白天睡 2 次的规律。无论是以上哪种情况，只要不影响宝宝晚上的睡眠都是正常的。

宝宝身高

宝宝体重

宝宝大运动能力

记下宝宝趣事儿

妈妈
别忘记

# 8~9 个月宝宝营养补充重点

宝宝此阶段的生长发育迅速，需要有均衡营养的支持。不同月龄的宝宝，对营养的需求在不断变化。这个阶段的宝宝需要重点补充维生素 D、镁、卵磷脂、核苷酸。计划让宝宝在 1 岁后断奶的妈妈，也要从这时候开始有意识地减少母乳喂养的次数。

- 增加辅食品种　　　　保证营养均衡
- 及时补充镁　　　　　满足宝宝骨骼和肌肉的发育
- 补充卵磷脂　　　　　提高宝宝记忆力
- 保证碳水化合物的摄取　为宝宝提供所需热量
- 核苷酸必不可少　　　增强宝宝免疫力
- 蛋白质可促进宝宝身体组织的生长

8~9 个月的宝宝，已经学会爬行，甚至可以扶着妈妈的手走几步了，这些运动都可以促进宝宝的骨骼发育。因此在饮食上更要注意配合，除了注意补充钙之外，还要重点补充维生素 D，而且要多晒太阳，以获得更多的维生素 D。

这个月龄的宝宝已经长牙，有了咀嚼能力，可以给宝宝增加膳食纤维多的食物和硬质食物。给宝宝吃一些硬质食物对宝宝牙齿的发育非常有利，也能锻炼他的消化系统。平时还可以选择膳食纤维多的蔬菜和水果，切成宝宝容易入口的大小给宝宝吃。

一天喝几次奶

辅食种类

宝宝反应

记下宝宝趣事儿

妈妈
别忘记

# 最有爱的小餐桌

## 配方奶绿豆沙

🕐 准备时间 1 小时　　🍲 烹饪时间 30 分钟

### 主料

绿豆 50 克　　＋　　配方奶 100 毫升

### 主要营养素

＊ 蛋白质、脂肪、钙、铁、磷

**1** 绿豆浸泡 1 小时，放入锅中加水煮熟，撇去绿豆皮。

**2** 将煮熟的绿豆放入榨汁机中，加入配方奶搅打均匀，盛出，给宝宝吃。

## 鸡肉西红柿汤

🕐 准备时间 10 分钟　　🍲 烹饪时间 40 分钟

### 主料

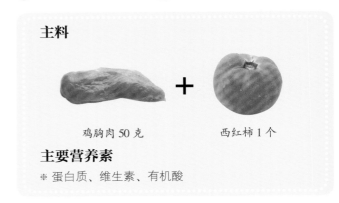

鸡胸肉 50 克　　＋　　西红柿 1 个

### 主要营养素

＊ 蛋白质、维生素、有机酸

**1** 鸡胸肉洗净，切小丁；西红柿用开水烫后去皮，切成小条。

**2** 锅中加水煮沸，加入鸡胸肉煮熟透，加入西红柿后再次煮沸，盛入碗中，晾温喂食。

# 平鱼泥

⏱ 准备时间 5 分钟　　🍲 烹饪时间 30 分钟

### 主料

平鱼肉 30 克　　　　香菇 10 克

### 主要营养素

❋ 蛋白质、脂肪、维生素、钙、铁、磷

1 将平鱼肉洗净，加水清炖 15~20 分钟，熟透后剔去皮、刺，用小勺压成泥状，盛出。

2 香菇洗净切成末，入油锅炒熟后，混合到鱼泥里即可给宝宝吃。

# 南瓜鸡汤土豆泥

⏱ 准备时间 5 分钟　　🍲 烹饪时间 15 分钟

### 主料

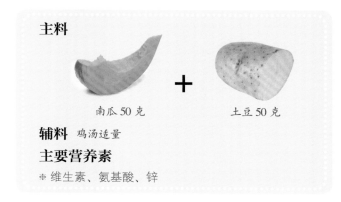

南瓜 50 克　　　　土豆 50 克

**辅料** 鸡汤适量

### 主要营养素

❋ 维生素、氨基酸、锌

1 土豆、南瓜分别去皮切小块。

2 土豆块、南瓜块放蒸锅蒸熟，盛入碗中，压成泥。在南瓜土豆泥中加入适量鸡汤搅拌均匀，晾温喂宝宝即可。

## 肉蛋羹

　　猪肉、鸡蛋都是人体摄取优质蛋白质的主要食物来源，肉蛋羹质软味美，营养丰富，可以促进宝宝发育，也利于宝宝智力的发育。9 个月的宝宝还不太适合吃全蛋，所以只取蛋黄就可以了。

🕐 准备时间 5 分钟　　🍲 烹饪时间 15 分钟

### 主料

猪里脊肉 20 克　　鸡蛋 1 个

### 主要营养素

\* 蛋白质
\* 氨基酸
\* 维生素
\* 卵磷脂

### 吃多少就够了

\* 宝宝每天最好只吃 1 个蛋黄，
　吃太多会无法吸收。

**宝贝吃辅食**

鸡蛋羹是我常给团团做的辅食之一。加入肉泥之后，她对鸡蛋羹的喜爱是"更上一层楼"了。

1 猪里脊肉洗净，剁成泥。

2 鸡蛋取蛋黄，加入一样多的凉开水搅打均匀。

3 加入肉泥，朝一个方向搅匀，上锅蒸 15 分钟，取出放至温热，喂宝宝即可。

**肉食添加应少量**
不管宝宝是不是第 1 次吃肉食，其分量都要少一些，以免宝宝消化不良。

**宝贝吃辅食**
有一次吃肉末羹，团团吃了三四勺就不吃了。不过下一次吃奶时就特别专注。

# 胡萝卜肉末羹

胡萝卜含有胡萝卜素、蛋白质、钙、磷、铁、核黄素、维生素 C 等多种营养成分，与肉末搭配食用，有保护视力，促进生长发育，提高免疫力的功效。

🕐 准备时间 5 分钟　　🍲 烹饪时间 20 分钟

**主料**

胡萝卜半根　＋　肉末 20 克

**主要营养素**
※ 胡萝卜素
※ 蛋白质

**1** 将胡萝卜洗净，切成小块。

**2** 将胡萝卜块放入搅拌机，加适量水打成泥。

其中的胡萝卜也可以换成红薯、菜花等，可根据宝宝的口味进行搭配。

**3** 把胡萝卜泥与肉末拌匀，蒸熟，取出，放至温热喂宝宝。

**小妙招**
肉末最好是妈妈现剁的，会更加美味可口。剁肉的刀面上常常附着一层油脂，不易清洗。如果在剁肉前把菜刀放到热水中浸泡 3~5 分钟，取出后再用姜片在刀面上擦拭几下，剁肉时肉末就不会粘刀，清洗也比较容易。

## 黑芝麻核桃糊

　　黑芝麻核桃糊含有大量的蛋白质、维生素 A、维生素 E、卵磷脂、钙、铁、镁等营养成分，为宝宝的成长发育提供了均衡的营养。黑芝麻作为食疗品，有益肝、养血、润燥、乌发作用，是宝宝极佳的养发食物。

🕐 准备时间 10 分钟　　🍲 烹饪时间 8 分钟

### 主料

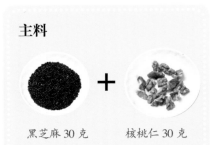

黑芝麻 30 克　　＋　　核桃仁 30 克

### 主要营养素

＊ 蛋白质

＊ 维生素 A

### 吃多少就够了

＊ 核桃的油脂含量大，吃多了易造成腹泻，所以 1 次吃两三勺就可以了。

**宝贝吃辅食**

我在炒制黑芝麻的时候，团团就被香气吸引，吵着闹着要吃。等做好了，端到她面前，还没开吃，她就开始流口水啦！

1 将黑芝麻去杂质，入锅，微火炒熟出香，趁热装入碗中，研成细末。

2 将核桃仁研成细末，与黑芝麻末充分混匀。

3 用沸水冲调成黏稠状，稍凉后即可喂宝宝。

**巧存芝麻不生虫**
将芝麻放在干燥通风处，或者放入冰箱冷藏不易生虫。

**宝贝吃辅食**

一次团团吃米糊时，她抢了我手里的勺子，可她很难将食物送到口中，涂得满脸都是。真是只可爱的小馋猫！

# 芝麻米糊

　　白芝麻中含有丰富的脂肪、蛋白质、维生素，大米中的碳水化合物含量很高。这道芝麻米糊清香四溢，可勾起宝宝的食欲，同时还有润肠通便的作用。

准备时间 5 分钟　　　烹饪时间 30 分钟

**主料**

　+　

大米 50 克　　　白芝麻 30 克

**主要营养素**

❋ 碳水化合物
❋ 脂肪
❋ 蛋白质
❋ 维生素

**1** 将大米放入平底煎锅中，用小火烘炒 5 分钟，并不停翻炒，随后放入白芝麻同炒至熟。

**2** 大米和白芝麻放入搅拌机搅打成芝麻米粉，再用筛网过滤，去除未打碎的大颗粒。

**小妙招**

炒制大米和白芝麻时要用小火，且要不停地翻炒，才能不煳。白芝麻表皮有一层稍硬的膜，把它碾碎才能使人体吸收到营养，所以芝麻最好做成芝麻糊吃，更有利于营养的吸收。

**3** 将适量芝麻米粉放入锅中，加入清水，大火烧沸后转小火慢慢熬煮 20 分钟，制成芝麻米糊，晾温后喂宝宝。

## 鲜虾粥

准备时间 3 分钟　　烹饪时间 30 分钟

**主料**

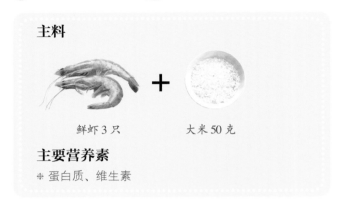

鲜虾 3 只　　＋　　大米 50 克

**主要营养素**
※ 蛋白质、维生素

1 鲜虾洗净，去头，去壳，去虾线，剁成小丁。

2 大米淘洗干净，加水煮成粥，加鲜虾丁搅拌均匀，煮 3 分钟，盛出，晾温喂宝宝即可。

## 苋菜粥

准备时间 5 分钟　　烹饪时间 30 分钟

**主料**

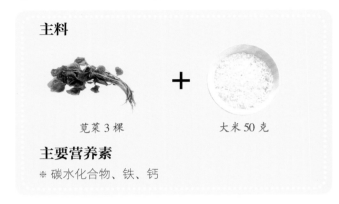

苋菜 3 棵　　＋　　大米 50 克

**主要营养素**
※ 碳水化合物、铁、钙

1 将苋菜择洗干净，切碎。

2 大米淘洗干净，放入锅内，加适量水，置于火上，煮至粥熟时，加苋菜，再煮半分钟，出锅，晾温就可以给宝宝吃。

**宝宝宜多吃芹菜**
芹菜富含矿物质，适合生长
发育迅速的宝宝食用。

# 小米芹菜粥

　　小米含有多种维生素、氨基酸等人体所必需的营养物质，其中维生素 $B_1$ 的含量位居所有粮食之首，对维持宝宝神经系统的正常运转起着重要的作用。芹菜富含铁，缺铁性贫血的宝宝宜常吃；芹菜还含有大量的膳食纤维，有利于肠胃蠕动，能够预防宝宝便秘。

⏲ 准备时间 3 分钟　　🍲 烹饪时间 20 分钟

**主料**

小米 50 克　　+　　芹菜 30 克

**主要营养素**
＊ 维生素
＊ 氨基酸
＊ 铁

不喜欢芹菜味道的宝宝，可选择南瓜、蛋黄等宝宝喜欢的口味来搭配小米粥。

**小妙招**
制作时，芹菜不要去叶，因为芹菜叶中营养成分含量远远高于芹菜茎中的含量。

1 小米洗净，加水放入锅中，熬成粥。

2 芹菜洗净，切成丁，在小米粥熬熟时放入。

3 再煮 3 分钟即可，盛入碗内，晾温给宝宝吃。

**骨汤宜适量**
如果炖煮的排骨较多，使用骨汤煮面时应注意量，不能让宝宝摄入太多油脂。

**宝贝吃辅食**
团团吃惯了松软易消化的鱼泥，开始吃排骨的时候有些不适应，本来1天2次大便变成了2天1次才大便。

# 排骨汤面

　　排骨汤面除含蛋白质、维生素外，还含有大量磷酸钙、骨胶原、骨黏蛋白等，可为宝宝提供钙质，促进宝宝骨骼和牙齿的生长。排骨中的优质蛋白质和脂肪酸，能促进宝宝的生长发育，并能改善宝宝的缺铁性贫血症状。

🕐 准备时间 10 分钟　　🍲 烹饪时间 2 小时

**主料**

排骨 50 克　　宝宝面条 30 克

**主要营养素**
＊ 蛋白质
＊ 维生素
＊ 钙

虽然排骨炖 2 小时后已经相当软烂了，但是对于一些咀嚼能力差的宝宝来说，吃起来还是有些难度。

**1** 排骨洗净，入沸水锅中焯一下。

**2** 将排骨放入锅内，加适量水，大火煮开后，转小火炖 2 小时。

**3** 盛出排骨汤放入另一个锅中，放入面条煮熟。

**4** 起锅装盘，晾温后喂宝宝。

# 猪肉软面条

准备时间 5 分钟　　烹饪时间 15 分钟

### 主料

宝宝面条 50 克　　　　猪肉末 20 克

### 主要营养素

※ 蛋白质、氨基酸、维生素、铁

1 把面条放入开水中，煮熟后捞出，用辅食剪剪成小段。

2 猪肉末下油锅煎炒一下，加适量水煮熟，将煮好的面条下入锅中搅拌均匀，盛入碗内，晾至温热喂宝宝吃。

# 西红柿软面条

准备时间 2 分钟　　烹饪时间 15 分钟

### 主料

宝宝面条 30 克　　　　西红柿 1 个

### 主要营养素

※ 蛋白质、碳水化合物、维生素、胡萝卜素

1 西红柿洗净，用热水烫一下，去皮，切块。

2 将面条放入锅内煮，面条煮开后，转小火，将西红柿块放入一同煮，煮至面条熟烂即可出锅，晾温后喂宝宝。

## 牛肉面

牛肉味道鲜美，富含丰富的蛋白质、氨基酸，其成分组成接近人体需要，能提高机体抗病能力，对宝宝的生长发育特别有利。面条易于消化吸收，有增强免疫力、平衡营养吸收等功效。

🕐 准备时间 10 分钟　　🍲 烹饪时间 30 分钟

**主料**

宝宝面条 50 克　　牛肉 20 克

**辅料** 高汤适量

**主要营养素**

❈ 碳水化合物
❈ 蛋白质
❈ 肌氨酸
❈ 锌、镁

**吃多少就够了**

❈ 加入高汤的牛肉面比较油腻，不太容易消化，肠胃功能差的宝宝要少吃一点。

**宝贝吃辅食**

团团吃面条的时候总是弄得双手都是面，因为稍长的面条留在嘴巴外面的时候，她就会用手背像抹鼻涕似的给抹掉。

1 将面条下入清水锅中煮熟，捞出备用。

2 牛肉洗净，切成比较小的颗粒。

3 将高汤煮开，加入牛肉粒煮熟，再加入面条稍煮即可出锅，盛出晾温后喂宝宝。

**看豆荚识新鲜毛豆**
毛豆是否新鲜要看豆荚颜色
是否翠绿，豆荚茸毛是否有
光泽。

# 鳕鱼毛豆

　　鳕鱼具有高营养、低胆固醇、易于被人体吸收的优点，还含有宝宝发育所必需的各种氨基酸，其营养比值和宝宝的需求量非常相近，而且它的刺非常少，是做宝宝辅食的上选食材。毛豆中含有丰富的优质植物蛋白、核苷酸，易于宝宝消化吸收，提高肠道免疫力；毛豆中的锌含量也很高，是宝宝大脑发育不可缺少的营养。

🕐 准备时间 10 分钟　　🍲 烹饪时间 20 分钟

**主料**

鳕鱼 1 块　　＋　　毛豆 20 克

**主要营养素**

＊ 碳水化合物
＊ 蛋白质
＊ 维生素
＊ 钙、铁、钾

**宝贝吃辅食**

曾经团团因为吃了"假鳕鱼"而拉肚子，哭闹得特别厉害。以后再购买鳕鱼时，我都会特别谨慎。

**1** 鳕鱼洗净、蒸熟，盛入碗中，碾成泥糊状。

**2** 毛豆煮熟后剥皮，也碾成泥糊状。

**3** 锅内放入清水煮沸，放入毛豆泥、鳕鱼泥略煮即可，盛入碗中，晾温喂宝宝。

**小妙招**

鳕鱼分为很多种，营养成分最好的是银鳕鱼。超市卖的大部分是冷冻的切片，看外观的话，肉的颜色洁白，肉上面没有特别明显的红线，鱼鳞非常紧密。而用来冒充鳕鱼的油鱼则是长圆形的切面，鱼皮粗糙，有斑点，鱼肉呈黄白色。

# 吃辅食后的常见问题

宝宝满 9 个月后，辅食从泥糊状食物向固体食物过渡，而品种也越来越丰富，并逐渐取代母乳和配方奶，成为主食。但妈妈不要急于断奶，1 岁前尽量让宝宝喝奶，1 岁后再根据宝宝辅食添加情况自然断奶。

## 医生妈妈小叮嘱

✳ 9 个月的宝宝可以适当吃些固体食物了，如馒头、面包等

✳ 这个阶段的宝宝可以用一顿辅食代替一次奶了，而不用吃完辅食再吃奶了 ⚠

✳ 宝宝的口味不是一成不变的，今天不想吃，也许明天就想吃了 ⚠

✳ 宝宝的"饭量"也不是固定的，有时多有时少是很正常的

✳ 在宝宝不喜欢的食物中加入他喜欢的蔬菜可提高宝宝的接受度

✳ 不要强迫宝宝喝水，以免宝宝反感 ⚠

## 宝宝不爱喝粥怎么办

考虑到宝宝对辅食的适应情况，可以过几天再喂给宝宝吃。因为很多宝宝暂时不爱吃的食物，但过几天后就变得爱吃了。如果宝宝依然不肯吃，家长要放些宝宝喜欢的蔬菜、肉一起煮，让宝宝更容易接受。

## 宝宝不爱喝水怎么办

宝宝不爱喝水，可在每顿饭中都为宝宝制作一份可口的汤来补充水分，而且还富含营养。也可以在水中混合宝宝喜欢的果汁。不要过分强迫宝宝喝水，以免引起他对水的反感。可以换一种形式或换一个时间再喂。时常给宝宝喝点水，积少成多，也可以达到补充水分的目的。

## 吃辅食的量每天都不一样，会有问题吗

每个人每天的饭量都是不一样的，即使是大人也有最大和最小限度的饮食量。因为这个时期的宝宝在吃辅食的同时还喝母乳或配方奶，所以也会影响到辅食的摄入量。妈妈应根据宝宝当天的食欲、消化程度、身体活动程度不同来分别对待，只要宝宝每次的摄入量不低于 30 克，就不用担心。

宝宝不爱喝水怎么办

❌ 强迫宝宝喝水，会造成宝宝对水的反感。

✅ 用蔬菜汤，清淡的汤水可补充水分。

✅ 在白水中加入果汁，能让宝宝更容易接受。

**红壳蛋、白壳蛋营养几乎无差别**
鸡蛋壳的颜色跟其营养没有太大关系，鸡蛋本身的营养价值取决于鸡的健康状况和喂养饲料的质量。

## 宝宝天天吃鸡蛋怎么还是瘦呢

每一位妈妈都希望自己的宝宝长得健壮，所以每餐都给宝宝吃鸡蛋，煎、煮、蒸轮番上阵，几天下来，宝宝非但没有因多吃鸡蛋长得健壮，反而出现了消化不良性腹泻，变瘦了。因为婴幼儿胃肠道消化功能尚未成熟，各种消化酶分泌较少，过多地吃鸡蛋，会增加宝宝胃肠负担，甚至引起消化不良性腹泻。

所以吃鸡蛋应讲究适量，1 岁内的宝宝最好只喂蛋黄，每天不超过 1 个，1~2 岁的幼儿每天或隔天吃 1 个鸡蛋，2 岁以上的幼儿可每天吃 1 个鸡蛋。

## 宝宝很胖，需要控制饮食吗

对于体重严重超标的宝宝，一定要适当控制饮食，可以根据体重正常宝宝的饮食进行调整。每天的牛奶量要减少，每顿饭可多加些蔬菜，尽量减少脂肪高的食物，饼干、点心等甜食要少给，可以用水果代替。同时要增加宝宝的活动量，多带宝宝到户外活动。

## 饭后给宝宝喝点水，有助于消化吗

无论是饭前、饭中或是饭后，喝水都是不符合健康原则的。因为牙齿咀嚼食物时，嘴里就会分泌出大量的唾液，胃里也会分泌大量的消化液，这些消化液可帮助消化。如果此时给宝宝喝水，就会将消化液稀释，减弱消化液的活力。

如果宝宝饭前确实口渴，可以先喝一些白开水或热汤，但要休息片刻后再让宝宝吃饭，以免影响胃的消化能力。

# Part 6

## 9~10 个月：可以嚼着吃

大部分宝宝到了 10 个月，都长出 2~4 颗牙齿了，他们已经不满足于吃软软的、没有硬度的食物了。饼干、面包、馒头、软米饭……可以嚼着吃的食物会更受宝宝的青睐。

宝宝身高

宝宝体重

宝宝大运动能力

记下宝宝趣事儿

妈妈
别忘记

# 满 10 个月的宝宝会这些

当宝宝专心地上下移动玩具，移近又移远，那是他在探索世界。此时，宝宝开始有了自己的主意，想拒绝的时候，他可能说"不"。宝宝行动能力越来越大，这不，他已经在跃跃欲试，想要迈步了。

- 对陌生的东西会表现出好奇　喜欢看画册上的人物和动物
- 能够听懂部分词语　有的宝宝能听懂"走"、"坐"、"站"等简单词语
- 双腿更加有力　能够扶着床栏站着并沿床栏行走，能独站片刻
- 进入语言学习的快速增长期　听得懂爸爸妈妈的很多话，会挥手再见
- 手的感知和精细动作有很大进步　可以自由熟练地抓握东西，特别喜欢扔东西
- 理解大人说"不"，并立刻停止被制止的行动

体重：宝宝这个月体重的增长速度和上个月没有大的差别，可以增长 220~370 克。男宝宝体重平均为 9.2 千克，正常范围为 7.4~11.4 千克。女宝宝体重平均为 8.5 千克，正常范围 6.7~10.9 千克。

身高：身高的增长速度与上个月相同，可以增长 1.0~1.5 厘米。男宝宝身高平均为 73.3 厘米。女宝宝身高平均为 71.5 厘米。

睡眠：这个月宝宝的睡眠和上个月差别不大，主要是晚上睡觉，白天睡一两觉。爱睡觉的宝宝，睡眠更深了，爸爸妈妈可以协助宝宝建立良好的睡眠规律和习惯。

# 9~10 个月宝宝营养补充重点

这个时期的宝宝处于生长发育的高峰期，营养补充要均衡。另外，由于宝宝自己的免疫功能未发育成熟，抵抗力差，容易引起消化系统的感染，进而影响铁和其他营养成分的吸收，所以要保证辅食添加的多样化。宝宝可以吃些稠粥、软米饭、面条、碎菜、碎肉、饼干等辅食，让宝宝逐渐接受固体食物。但每次的摄入量不要太多，以免宝宝消化不了。

- 继续母乳喂养　　　　　增强宝宝免疫力
- 适量添加膳食纤维　　　促进咀嚼肌发育，增强胃肠消化功能
- 多吃应季水果　　　　　补充必不可少的营养素
- 给宝宝吃磨牙棒　　　　缓解出牙不适
- 补充含铁丰富的食物　　预防缺铁性贫血
- 适当摄入油脂

　　宝宝开始品尝越来越多的美食了，饮食安全始终是头等大事。鱼类做汤时，要注意避免鱼刺、鱼骨混在浓汤里；排骨煮久了，会掉下小骨渣，要去除小骨渣；黏性稍大的食物要防止宝宝整个吞下去；豆类、花生等又圆又滑的食物要碾碎了再给宝宝吃；不要在吃饭的时候逗宝宝笑；使用吸管时，不要在饮品里面放小粒的东西；热烫的食物不要放在宝宝面前，特别是汤类。耐心地告诉宝宝，有哪些危险存在，应该怎么做，慢慢的他们就会懂得自己避险了。

一天喝几次奶

辅食种类

宝宝反应

记下宝宝趣事儿

妈妈别忘记

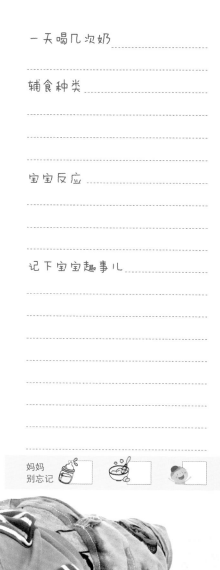

# 最有爱的小餐桌

## 丝瓜火腿汤

🕐 准备时间 3 分钟　　🍲 烹饪时间 5 分钟

**主料**

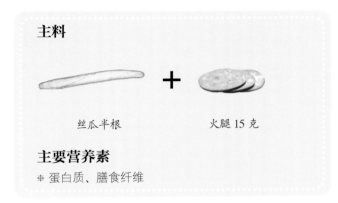

丝瓜半根　　　　　　火腿 15 克

**主要营养素**

※ 蛋白质、膳食纤维

**1** 丝瓜洗净，削皮，切块；火腿切片。

**2** 油锅烧热，下丝瓜稍炒片刻，加入水煮沸约 3 分钟，下火腿煮至熟软，盛出，晾温后给宝宝吃。

## 莲藕薏米排骨汤

🕐 准备时间 10 分钟　　🍲 烹饪时间 2 小时

**主料**

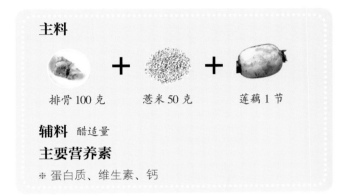

排骨 100 克　　薏米 50 克　　莲藕 1 节

**辅料** 醋适量

**主要营养素**

※ 蛋白质、维生素、钙

**1** 莲藕洗净，去皮，切薄片；薏米洗净；排骨洗净，焯水。

**2** 将排骨放入锅内，加适量水，大火煮开后加一点醋转小火，煲 1 小时后将莲藕、薏米全部放入，大火煮沸后，改小火煲 1 小时至熟软，盛出一些汤和软烂的肉，晾温喂宝宝。

# 核桃燕麦豆浆

🕐 准备时间 10 小时　　🍲 烹饪时间 30 分钟

### 主料

黄豆 50 克　＋　核桃仁 2 个　＋　燕麦 10 克

### 主要营养素

❋ 蛋白质、氨基酸、磷脂

**1** 黄豆洗净，用水浸泡 10 小时；核桃仁碾碎。

**2** 将黄豆、燕麦和核桃仁倒入豆浆机中制成豆浆，过滤出豆渣，豆浆放至温热，喂宝宝。

# 柠檬土豆羹

🕐 准备时间 5 分钟　　🍲 烹饪时间 10 分钟

### 主料

土豆半个　＋　鸡蛋 1 个　＋　柠檬汁适量

### 主要营养素

❋ 黏蛋白、氨基酸、维生素 B₁

**1** 将土豆洗净，去皮，切成丁，放入开水中煮熟，加入柠檬汁。

**2** 待汤烧沸将鸡蛋打入碗中，只取蛋黄调匀，将蛋黄液慢慢倒入锅中，略煮，盛出晾温后喂宝宝。

## 什锦鸭羹

什锦鸭羹食材丰富，营养均衡，含有丰富的蛋白质以及钙、镁等矿物质，容易消化，吸收性好。常食此羹能提高宝宝记忆力和集中力。鸭肉性寒，有除热消肿、止咳化痰等作用，尤其适合食用配方奶而导致上火的宝宝。

 准备时间 10 分钟　　烹饪时间 20 分钟

**主料**

鸭肉 50 克　　青笋 30 克　　香菇 3 朵

**主要营养素**

❋ 蛋白质
❋ 钙
❋ 镁

**宝贝吃辅食**

第 1 次做鸭肉，我忘记焯水了，结果可想而知，团团只吃了一口就不想吃了。

**小妙招**

优质鸭肉体表光滑，呈乳白色，嗅之香味四溢。鸭腿的肌肉紧实，有凸起的胸肉，腹腔内壁上有盐霜，都是优质鸭肉的显著特征。

1 香菇洗净，去蒂，切丁；青笋洗净，切丁。

2 将鸭肉洗净，切丁后焯水。

3 另起一锅，加水，放入鸭肉丁、香菇丁、青笋丁。

4 煮至熟烂，出锅，装入碗中，晾温后喂宝宝。

**洗香菇不要搓**
香菇菌肉肥厚，菌盖娇嫩，清洗
时不要搓洗，以免造成损伤。

# 蛋黄香菇粥

　　香菇营养丰富，味道鲜美，被视为"菇中之王"，为"山珍"之一。香菇高蛋白、低脂肪，还含有多糖、多种氨基酸和多种维生素等营养成分，对促进人体新陈代谢、提高身体抵抗力有很大作用。

 准备时间 1 小时　　烹饪时间 30 分钟

**主料**

大米 30 克　　香菇 2 朵　　生蛋黄 1 个

**主要营养素**

\* 氨基酸

\* 维生素

**吃多少就够了**

\* 添加蛋黄的分量需要根据宝宝对蛋黄的适应程度添加，如果对蛋黄过敏可不添加。

**宝贝吃辅食**

团团好像对香菇情有独钟。每次有香菇的饭她都能很快吃完，粥、香菇包子都很爱吃。

**1** 大米淘洗干净，浸泡 1 小时。

**2** 香菇洗净，去蒂，切成丝。生蛋黄打散。

**3** 将大米和香菇丝放入锅中，加水煮至成粥，再下鸡蛋液，搅拌均匀，稍煮即可出锅盛出，晾温后喂宝宝。

## 紫菜芋头粥

紫菜芋头粥含有丰富的铁、蛋白质、维生素、膳食纤维、钙、磷、烟酸等，具有生津开胃、营养滋补的功效。紫菜中铁的含量丰富，不但可以帮助宝宝维持机体的酸碱平衡，有利于宝宝的生长发育，还能预防宝宝贫血。

🕐 准备时间 1 分钟　　🍲 烹饪时间 40 分钟

**主料**

紫菜 10 克　　大米 30 克　　芋头 2 个

**主要营养素**

✳ 铁
✳ 蛋白质
✳ 维生素

**宝贝吃辅食**

团团 10 个月大的时候，吃饭经常吃一半就来抢勺子，然后自己吃。

**小妙招**

在削芋头皮的时候，一定要戴上手套或预先把芋头放在火上烤一烤，否则手部皮肤会发痒。如果皮肤已经发痒，可以用醋洗手，也可以近火烤一下手，反复翻动手掌，还可以涂抹生姜来止痒，或在热水中浸泡双手。

1 紫菜用水泡发后，切碎。

2 芋头煮熟去皮，放入碗中，压成芋头泥。

3 将大米淘洗干净后，放入锅中加水，煮至黏稠，出锅前加入紫菜、芋头泥，稍煮至熟。

4 盛入碗中，晾温后喂宝宝。

**栗子食用要得法**
最好放在饭菜里吃，而不要
给宝宝当零食大量吃。

**宝贝吃辅食**

我们吃栗子的时候，团团趁我不注意，竟然拿起一个放进嘴里咬了起来，这方面一定要注意，有点小危险。

# 栗子瘦肉粥

此粥含有蛋白质、钙、磷、铁、维生素 $B_1$、维生素 $B_2$、烟酸等营养成分，具有补中益气，健脾养胃的功效，对宝宝食欲缺乏、腹胀、腹泻有一定缓解作用。

🕐 准备时间 1 小时　　🍲 烹饪时间 30 分钟

## 主料

大米 50 克　　栗子 2 个　　瘦肉末 30 克

**主要营养素**
* 蛋白质
* 钙
* 磷

**吃多少就够了**
* 栗子不容易消化，吃多了易腹胀，每餐进食 2 个就好了。

**1** 栗子洗净，煮熟后去皮，捣碎；大米洗净，浸泡 1 小时。

**2** 锅中加适量水，煮沸后加栗子、大米、瘦肉末同煮。

**3** 煮至粥熟即可盛出，晾温后喂宝宝。

## 南瓜软饭

　　南瓜中含有丰富的胡萝卜素、维生素C、锌等营养,宝宝常吃可使皮肤更加细嫩。蛋黄中富含蛋白质、脂肪、维生素等,可增强记忆力。米饭是补充营养素的基础食物,可维持宝宝大脑、神经系统的正常发育。南瓜软饭可提供丰富的 B 族维生素,具有补中益气、健脾养胃的功效,能刺激胃液的分泌,有助于消化,有益于宝宝的身体发育和健康。

🕐 准备时间 30 分钟　　🍲 烹饪时间 30 分钟

### 主料

大米 50 克　南瓜 30 克　熟蛋黄 1 个

### 主要营养素

＊ 蛋白质

＊ 维生素

＊ 氨基酸

### 吃多少就够了

＊ 软米饭的软硬度介于稀粥和大人吃的米饭之间,所以喂养量应少于粥的量,以免造成宝宝消化不良。

**宝贝吃辅食**

给团团吃软米饭的时候,我生怕她吃多了,一遍遍地问她"吃饱了没",可是看她那样子,丝毫没有放下勺子的意思。

**1** 大米洗净,在清水中浸泡 30 分钟,然后倒入电饭锅中,加入 3 倍的水蒸熟。

**2** 南瓜去皮,切小丁,放入蒸锅中蒸熟。

**3** 将蒸熟的南瓜和熟蛋黄用勺子碾成泥,加入煮熟的软饭中,搅拌均匀,晾温即可喂宝宝。

# 鸡蛋胡萝卜磨牙棒

🕐 准备时间 10 分钟　　🍲 烹饪时间 50 分钟

**主料**

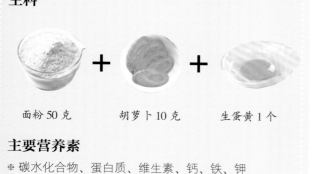

面粉 50 克　＋　胡萝卜 10 克　＋　生蛋黄 1 个

**主要营养素**

※ 碳水化合物、蛋白质、维生素、钙、铁、钾

**1** 胡萝卜洗净，切块，上锅蒸熟，碾压成泥。

**2** 将蛋黄加入面粉中，加适量水混合，然后加入胡萝卜泥，揉成面团。

**3** 将面团擀压成厚约 0.5 厘米的长方形面片，然后切成条状，放入烤箱中烤至表面微黄即可。

# 冬瓜肉末面条

🕐 准备时间 10 分钟　　🍲 烹饪时间 20 分钟

**主料**

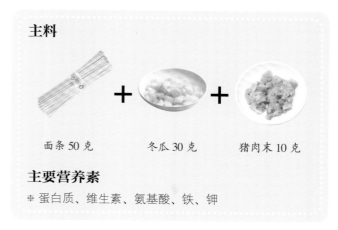

面条 50 克　＋　冬瓜 30 克　＋　猪肉末 10 克

**主要营养素**

※ 蛋白质、维生素、氨基酸、铁、钾

**1** 冬瓜去皮，切块，放入沸水中煮熟，备用。

**2** 将猪肉末、冬瓜块及面条下入开水锅中，大火煮沸，转小火焖煮至冬瓜熟烂即可，盛出一些，晾温后喂宝宝。

## 牛腩面

牛腩富含蛋白质，氨基酸组成比猪肉更接近人体需要，能提高宝宝抵抗疾病的能力。与鸡、鱼中铁含量较少形成对比的是，牛腩中富含铁质。因此，牛腩面是给宝宝补铁的上好食物。

🕐 准备时间 5 分钟　　🍲 烹饪时间 3 小时

### 小妙招

牛肉应横切，将长纤维切断，否则不仅没法入味，还嚼不烂。烹饪时放一个山楂或一块橘皮，牛肉易烂，还能让牛肉更香。

### 主料

牛腩 50 克　猪棒骨 100 克　面条 50 克

**辅料** 香菜适量

**主要营养素**
* 蛋白质
* 氨基酸
* 铁

宝宝牙齿的咀嚼力度有限，所以牛腩一定要炖到足够软烂，让宝宝吃起来不费劲。

### 宝贝吃辅食

有一次因为时间有限，做出来的牛腩比较硬，团团吃到嘴里嚼了两下就吐出来了。我只好给她喝汤吃面。

**1** 将整块牛腩与猪棒骨焯水；锅中放水，加入牛腩与棒骨，小火炖 2 小时。

**2** 取出牛腩切小块，放回肉汤中继续炖 20 分钟至肉烂。

**3** 将面条煮熟，盛入碗中，加入肉汤、牛腩，撒上香菜即可。

**三明治变换吃**
三明治中的食材可以变化搭配，以调剂宝宝的胃口。

# 肉松三明治

　　肉松三明治富含碳水化合物、脂肪、蛋白质和多种矿物质，胆固醇含量低，蛋白质含量高。肉松香味浓郁、味道鲜美、易于消化，搭配蔬菜、水果，营养更均衡，口感更丰富，能增强宝宝的食欲。

 准备时间 5 分钟　　　🍲 烹饪时间 5 分钟

## 主料

吐司面包 2 片　　肉松 20 克　　黄瓜半根

**辅料** 橄榄油适量

**主要营养素**
＊ 碳水化合物
＊ 脂肪
＊ 蛋白质

**吃多少就够了**
＊ 三明治里的黄瓜片不宜放太多，有几片就够了。

### 宝贝吃辅食
团团 10 个月的时候，已经喜欢自己吃东西了。因为三明治她自己不太容易吃到，我想帮忙，可她还不乐意呢！

**1** 黄瓜洗净，切薄片。

**2** 锅中放入橄榄油，烧热后放入吐司面包，煎至一面金黄，翻面，把另一面也煎一下。

**3** 取一片吐司面包平铺，放上肉松、黄瓜片，再盖上一片吐司面包，三明治就做成了。

# 吃辅食后的常见问题

满 10 个月的宝宝肠胃功能越来越完善了，适应辅食的能力逐渐增强，但存在一定的差异，家长不要总拿自己的宝宝和别人的宝宝做对比。添加辅食既是培养宝宝的饮食习惯，更是让宝宝快乐地成长。

**医生妈妈小叮嘱**

＊ 宝宝有自己的进食量，不要总跟别人比

＊ 早期发育过快并不代表将来能长高个儿

＊ 水果和蔬菜不能相互替代

＊ 不宜让宝宝吃太多鸡蛋

＊ 让宝宝自己动手吃饭，有利于养成独立进食的习惯

## 为什么宝宝吃辅食总没别人多

家长总喜欢拿自己家的宝宝和别人比，经常担心宝宝没别人吃得多，将来就长不高。其实，这种比较是没有意义的。如果宝宝发育正常，妈妈就不用纠结宝宝吃得少的问题。如果宝宝生长缓慢，应考虑宝宝是否对辅食的接受度不好，还是对喂养规律不适应。

## 10 个月大的宝宝能吃多少辅食

根据 10 个月宝宝对各种营养素的需求，宝宝每日的食物需求量为：谷类食物 100 克左右，相当于每次半碗至 1 碗稠粥或软饭，每日两三次；蔬菜和水果各 40 克左右，相当于每日吃 4 勺蔬菜和 1/4 个苹果；鱼或肉每日 30 克，分 2 次吃；蛋黄每日 1 个；油脂类少许即可。

## 怎样让宝宝好好吃饭

这个阶段，应该鼓励宝宝自己动手，尝试自己拿勺吃，别怕他弄脏地板或衣服难打理。可以给他围上围嘴，在餐桌上铺上桌布。要给宝宝固定的餐桌椅，让他知道这是吃饭的地方。别在吃饭的时候逗宝宝玩，吃饭时间要规律，注意食物色、香、味、形的搭配。

怎样让宝宝好好吃饭

用玩具哄逗，不利于宝宝养成良好的进餐习惯。

让宝宝自己拿着勺子吃，会增加宝宝吃饭的乐趣。

准备餐桌椅，在固定位置吃饭，可形成良好的进餐反射。

掌握软米饭的硬度
软米饭的硬度应根据宝宝咀
嚼能力定。

**宝贝吃辅食**

自从团团习惯了在自己的
餐椅上吃饭，每次把她抱到
里面，她就兴奋得不行。因
为她知道要开饭了！

## 什么样的米饭才算是软米饭

满 10 个月的宝宝可以吃软米饭了，不过，什么样的米饭才算是软米饭，家长还不太确定。相较于大人吃的米饭而言，宝宝刚开始吃的米饭就是软米饭。

一般来说，软米饭的米、水比例在 1：2.5 和 1：3 之间，比普通米饭的水分比例高一些，硬度介于稠粥和米饭之间。

## 怎么做软米饭更好吃

让软米饭更好吃，有几个小窍门。一是在煮饭的时候滴几滴米醋，等软米饭做好了，香味很浓郁，而醋味会自然消失，还不容易变质。二是用开水煮饭，这样可以减少维生素 $B_1$ 的流失，饭香浓郁，营养价值也很高。三是软米饭快煮熟时，加些碎菜、碎肉煮一煮，这样，米饭的香味混合着蔬菜、肉的香味，十分开胃。

## 给宝宝做辅食用什么油好

添加辅食后，在宝宝适应了肉类食物中自带的少量油脂后，再给宝宝摄入适量油脂比较妥当。在油的选择上，橄榄油是最佳选择，比家庭常用的大豆油、花生油更健康。家长在为宝宝制作辅食时加一点橄榄油，如在各种粥、泥糊、汤或面条中，最后滴几滴就可以了。用橄榄油炒绿叶蔬菜，胡萝卜素的吸收率比普通蒸、煮要高，更有利于营养的吸收。

# Part 7

# 10~12 个月：尝尝小水饺

  1周岁的宝宝活动量比较大，这就需要妈妈给他提供丰富多样且高营养的食物，来满足宝宝身体的需要。小小的水饺将各类食材集于一身，让宝宝一口就能吃到不同的美味，获得充足的营养。

宝宝身高 _____

宝宝体重 _____

_____

_____

宝宝大运动能力 _____

_____

_____

记下宝宝趣事儿 _____

_____

_____

_____

_____

_____

_____

_____

妈妈
别忘记
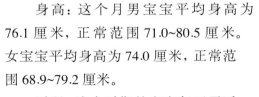

# 满 12 个月的宝宝会这些

宝宝满 1 周岁了，从一年前那个小肉团到现在的小大人，变化可真大呀！现在宝宝能爬高了，也很喜欢爬楼梯，甚至能独立地走几步了；当他需要你时，会清晰地喊"爸爸"或者"妈妈"，伸出双手要抱抱，或者索要玩具；看到小狗会指点着说"汪汪"，看到小猫会学猫叫……

- 能够区分颜色　　　　　　会指认出你告诉他的某种颜色的玩具
- 喜欢听节奏感强的音乐　　能够跟随音乐做出有节奏的动作
- 运动能力进一步提高　　　可以推着小车行走，能捏起比较小的东西
- 能用简单的词表达自己的意思　"饭"可能是指"我要吃东西"
- 喜欢模仿动作　　　　　　会挥手表示再见，会双手抱拳表示拜年
- 愿意亲近小朋友，并且有意识地想要讨人喜欢

　　体重：男宝宝平均体重为 10.2 千克，正常范围 7.7~12.0 千克。女宝宝平均体重为 9.5 千克，正常范围 7.0~11.5 千克。

　　身高：这个月男宝宝平均身高为 76.1 厘米，正常范围 71.0~80.5 厘米。女宝宝平均身高为 74.0 厘米，正常范围 68.9~79.2 厘米。

　　睡眠：这个时期的宝宝每天需睡 12~14 个小时，白天要睡 2 次，每次 1.5~2 个小时。有规律地安排宝宝睡和醒的时间，是保证良好睡眠的基本方法。

# 10~12 个月宝宝营养补充重点

这个阶段的宝宝正在练习走路，需要消耗大量的体力，所以应注重碳水化合物的补充，以使宝宝保持充足的体力。此时大多数宝宝即将断奶了，要继续保证维生素 A、硒等营养成分的摄入，以提高宝宝的免疫力。除此之外，还要培养宝宝良好的饮食习惯。

- 白开水是最好的饮料　　鼓励宝宝多喝白开水
- 补充维生素 A　　为顺利断奶做准备
- 增加固体食物　　要占宝宝食物的 50%
- 辅食花样翻新　　预防偏食
- 适量补硒　　提高免疫力
- 让宝宝和大人一起吃饭

　　这个时期宝宝一般只长出 5~7 颗乳牙，胃肠功能还没有发育完全，所以食物要做得细软、碎烂，让宝宝能够更好地消化吸收。宝宝的胃容量比较小，但宝宝身体所需要的营养却相对较丰富，因此可采取少吃多餐的方法保证宝宝一天的营养均衡。

　　宝宝能吃的食物越来越丰富了，以前不建议食用的蛋清、豆腐、纯牛奶，在这个时候可以少量添加。当宝宝对辅食的兴趣逐渐降低时，可以在菜出锅时撒一点盐，或者加少量葱末或酱油来调味。不过，给宝宝做的饭还是要以清淡、易消化为原则。

一天喝几次奶

辅食种类

宝宝反应

记下宝宝趣事儿

妈妈别忘记

# 最有爱的小餐桌

## 三味蒸蛋

三味蒸蛋食材丰富、搭配科学、营养均衡，非常适合宝宝食用。三味蒸蛋富含蛋白质、胡萝卜素、钙、磷等多种对人体有益的营养元素，可以促进宝宝骨骼和牙齿生长，是宝宝补钙的理想食谱。

🕐 准备时间 5 分钟　　🍲 烹饪时间 15 分钟

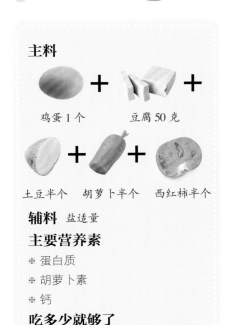

**主料**

鸡蛋1个　＋　豆腐50克　＋

土豆半个　＋　胡萝卜半个　＋　西红柿半个

**辅料** 盐适量

**主要营养素**
* 蛋白质
* 胡萝卜素
* 钙

**吃多少就够了**
* 初次吃豆腐应碾成碎末，并让宝宝小口小口地吃，一次吃20克左右为宜。

**1** 豆腐略煮，压成碎末；土豆蒸熟，压成泥；西红柿、胡萝卜分别洗净榨汁；鸡蛋打散。

**2** 将西红柿汁、豆腐末、土豆泥、胡萝卜汁、盐倒入蛋液碗中搅匀。

**3** 放入蒸锅内蒸10~15分钟即可，晾温后喂宝宝。

**鳕鱼刺少，可放心吃**
鳕鱼肉质细腻，营养丰富，
最重要的是它几乎没刺，妈
妈可以放心给宝宝吃。

**小妙招**
西红柿是大家经常食用的食材，自
然成熟的新鲜西红柿外形圆润、皮
薄且有弹性。而人工催熟的西红
柿外形则多有菱角，而且果肉汁
少，无子或子是绿色的。

# 西红柿鳕鱼泥

　　鳕鱼含丰富的蛋白质、维生素 A、维生素 D、钙、镁、锌、硒等营养元素，营养丰富、肉味甘美。鳕鱼还
含有丰富的锌，锌对核酸、蛋白质的合成及对细胞的生长都有着重要的意义。含锌食物可增强宝宝的免疫力，
尤其适合体质较弱的宝宝食用。

🕐 准备时间 10 分钟　　🍲 烹饪时间 20 分钟

**主料**

鳕鱼肉 200 克　　　＋　　　西红柿 1 个

**辅料** 淀粉、黄油各适量
**主要营养素**
＊ 锌
＊ 钙
＊ 蛋白质
＊ 维生素

西红柿的果蒂小说明筋
少，水分多，果肉饱满，
比较好吃。

**1** 鳕鱼肉洗净，切成小块置于
碗中，加入淀粉后搅匀，用
搅拌机打成泥。

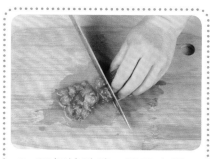

**2** 西红柿洗净，用开水烫一
下，去皮，切成小丁，用搅
拌机打成西红柿泥。

**3** 黄油放入锅
中，中火加热
至融化，倒入打好
的西红柿泥炒匀，
将鳕鱼泥放入锅
中，快速搅拌至鱼
肉熟时即可，盛出，
晾温后喂宝宝。

## 百宝豆腐羹

　　百宝豆腐羹营养丰富、均衡，鸡肉、虾仁含有对宝宝生长发育非常重要的磷脂类，是宝宝膳食结构中脂肪和磷脂的重要来源之一。香菇、豆腐、菠菜颜色鲜艳、口感丰富，能增加宝宝的食欲，对营养不良、肠胃虚弱的宝宝来说是很好的食物。

🕐 准备时间 3 分钟　　🍲 烹饪时间 20 分钟

**主料**

豆腐 30 克　+　香菇 2 朵　+

菠菜 1 棵　+　虾仁 3 个

**辅料** 高汤适量

**主要营养素**

＊ 磷脂、蛋白质、钙、氨基酸

**吃多少就够了**

＊ 如果以上食材宝宝都吃过并且已经适应了，可适当给宝宝多吃一些。

**宝贝吃辅食**

团团以前不喜欢吃豆腐。后来我在豆腐里加入鸡汤、蔬菜泥，团团渐渐地也喜欢上豆腐了。

**1** 将虾仁洗净剁成泥；香菇去蒂，洗净，切丁。

**2** 菠菜焯水后切末，豆腐压成泥。

**3** 高汤入锅，煮开后放虾仁泥、香菇丁。

**4** 再煮开后放入豆腐泥和菠菜末，小火煮至熟盛出。

**玉米吃法多**
玉米是比较常见的五谷杂粮，其吃法也是多种多样，可熬粥吃，可炒菜，也可做成玉米面混在面粉里蒸馒头。

**宝贝吃辅食**
看着一碗红红绿绿的粥，团团竟然指着它说"菜菜"！好吧，是我放的蔬菜多了一点。不过这让团团吃得更加香甜了。

# 什锦蔬菜粥

　　什锦蔬菜粥含有丰富的碳水化合物、膳食纤维、胡萝卜素、B族维生素和多种矿物质，不仅能促进宝宝的生长发育，还能促进肠胃蠕动，帮助宝宝排便，特别适合便秘的宝宝食用。

🕐 准备时间 1小时　　🍲 烹饪时间 35分钟

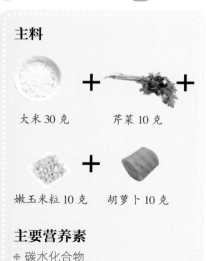

**主料**

大米 30 克　＋　芹菜 10 克　＋

嫩玉米粒 10 克　＋　胡萝卜 10 克

**主要营养素**
＊ 碳水化合物
＊ 膳食纤维

这里的各种蔬菜还可以换成应季的水果，水果粥能帮助宝宝消化，还能使辅食多样化。

1 将大米淘洗干净，浸泡1小时；胡萝卜、芹菜分别洗净，切丁。

2 将大米放入锅中，加适量水，煮粥。

3 粥将熟时，放入胡萝卜丁、芹菜丁、玉米粒。

4 再煮10分钟即可出锅，装入碗中，喂宝宝吃。

# 鸡汤馄饨

鸡肉的蛋白质含量相当高，比猪肉、羊肉、鹅肉、牛肉都多。鸡肉富含不饱和脂肪酸，是宝宝较好的蛋白质食物来源。此外，鸡肉中还含有维生素、烟酸、钙、磷、钾、钠、铁等多种营养素，非常适合贫血的宝宝食用。

🕐 准备时间 20 分钟　　🍲 烹饪时间 10 分钟

## 主料

鸡肉 50 克　青菜 2 棵　馄饨皮 10 张

**辅料** 鸡汤、酱油、葱花各适量

### 主要营养素

＊ 蛋白质

＊ 不饱和脂肪酸

＊ 维生素

### 吃多少就够了

＊ 鸡汤馄饨中含肉较多，每次给宝宝吃三四个就行。

### 宝贝吃辅食

团团早就对馄饨这形状奇怪的食物充满好奇了，每次我们吃她都想尝尝，现在终于可以吃她自己的小馄饨了！

1 青菜择洗干净，切成碎末；鸡肉洗净剔除骨头，剁碎。

2 将青菜末和鸡肉末拌匀，加入适量酱油调和做成馅。

3 将馅料放入馄饨皮里，包成 10 个小馄饨。

4 锅中倒鸡汤烧开，下入小馄饨，煮熟时撒上葱花，盛出。

# 鲜汤小饺子

　　白菜含大量膳食纤维，可以促进肠道蠕动，帮助消化。肉末为宝宝提供优质的蛋白质和必需的脂肪酸，还可以提供血红素铁和促进铁吸收的半胱氨酸，能改善宝宝的缺铁性贫血。鸡蛋也是高蛋白食物。因此，鲜汤小饺子是一道多功能的辅食，非常适合宝宝食用。

🕐 准备时间 30 分钟　　🍲 烹饪时间 10 分钟

## 宝贝吃辅食
我把饺子皮弄成红的、绿的，然后煮出颜色漂亮的小饺子。团团见了，没等我给她夹就已经上手抓了。

## 主料

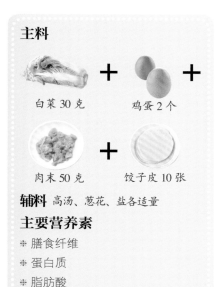

白菜 30 克　+　鸡蛋 2 个　+

肉末 50 克　+　饺子皮 10 张

**辅料** 高汤、葱花、盐各适量

**主要营养素**

＊ 膳食纤维
＊ 蛋白质
＊ 脂肪酸

## 小妙招

妈妈可以自己做饺子皮，变换食材，营养更全面。比如使用带麸皮的全麦面粉，或者在面粉中加入豆面，不仅增加了 B 族维生素的含量，而且粗粮中富含的膳食纤维，可以防止宝宝便秘。

**1** 白菜择洗干净，剁碎，加少许盐后挤出部分水分。

**2** 鸡蛋磕入碗内，把蛋黄和蛋清分开，将蛋黄用油炒熟。

**3** 将白菜末、炒熟的鸡蛋与肉末混合，加盐拌匀，用饺子皮包成小饺子。

**4** 高汤煮沸，下饺子，出锅前撒少许葱花，盛入碗中，晾温后喂宝宝。

## 鱼肉水饺

　　鱼肉水饺荤素搭配，所含碳水化合物是宝宝维持生命活动所需能量的主要来源，是维持大脑正常功能的必需营养素。鱼肉水饺还含有丰富的 DHA、ARA，是宝宝大脑和视网膜的重要构成成分，可以促进宝宝的智力发育。

🕐 准备时间 20 分钟　　🍲 烹饪时间 10 分钟

**主料**

鱼肉 50 克　　＋　　青菜 30 克　　＋

猪肉 15 克　　＋　　饺子皮 10 张

**辅料** 鸡汤、酱油、葱花各适量

**主要营养素**

＊ 碳水化合物
＊ DHA
＊ ARA

**宝贝吃辅食**

有一次，朋友带孩子到我们家玩。中午给她们做的水饺，两个小家伙你吃一个我吃一个，生怕对方比自己多吃一个似的。

**1** 将鱼肉洗净去刺，剁成泥；猪肉洗净切碎，剁成蓉。

**2** 鱼肉泥和猪肉蓉混合，加鸡汤、酱油搅拌均匀做馅料。

**3** 青菜洗净，控水后切碎，并混合到馅料里。

**4** 将调好的馅料放在饺子皮中，对折包成饺子。

**5** 锅内加水，煮沸后放入饺子煮熟，撒上葱花即可盛出，晾温后喂宝宝。

**让通心粉更好吃**

煮时可加一点点盐,不仅有了咸味,而且可使通心粉更有弹性。

**宝贝吃辅食**

我煮了螺丝状的和贝壳状的通心粉。小家伙见了急切地喊"妈妈,妈妈"。当我把她抱进餐椅时,她就知道可以开吃了。

## 香菇通心粉

通心粉富含碳水化合物、膳食纤维、蛋白质和钙、镁、铁、钾、磷、钠等矿物质。通心粉有良好的附味性,它能吸收各种鲜美配菜和汤料的味道,易于消化吸收,有改善宝宝贫血、增强免疫力、平衡营养吸收等功效。

🕐 准备时间 5 分钟　　🍲 烹饪时间 15 分钟

**主料**

通心粉 50 克　＋　土豆半个　＋

香菇 2 朵　＋　胡萝卜半根

**辅料** 盐适量

**主要营养素**

※ 碳水化合物
※ 膳食纤维
※ 蛋白质

如果宝宝咀嚼能力不够好,通心粉需要在开水中多煮 2 分钟。

1 将土豆去皮洗净,切丁;胡萝卜洗净,切丁;香菇洗净,切成薄片。

2 将土豆丁、胡萝卜丁、香菇片分别放入锅中,加水煮熟,捞出。

3 锅中加水烧开,放入通心粉,调入适量盐,煮熟后捞出。

4 在通心粉上逐层放土豆丁、胡萝卜丁、香菇片即可。

## 青菜鱼片

⏱ 准备时间 10 分钟　　🍲 烹饪时间 20 分钟

**主料**

青菜 50 克　　　鱼肉 100 克　　　豆腐 20 克

**辅料** 高汤适量
**主要营养素**
※ 蛋白质、矿物质、维生素

1 青菜洗净切段；鱼肉洗净去刺，切片；豆腐切片。

2 锅内加入高汤，放入青菜，烧开后投入鱼片、豆腐片，汤沸后略煮至熟，盛入碗中，晾温后喂宝宝。

## 香橙烩蔬菜

⏱ 准备时间 3 分钟　　🍲 烹饪时间 10 分钟

**主料**

橙汁 100 毫升　　青菜 30 克　　香菇 2 朵

金针菇 20 克

**辅料** 高汤适量
**主要营养素**
※ 碳水化合物、柠檬酸、维生素 C

1 青菜择洗干净，切小段；香菇、金针菇洗净，香菇切丁，金针菇切段，焯熟。

2 油锅烧热，将青菜、香菇、金针菇放入炒一下，加入高汤稍煮，倒入橙汁，出锅装盘，晾温后喂宝宝吃。

**薄皮大馅宝宝更爱**
包子皮要尽量擀薄一些，这样宝宝一口下去就能咬到馅料，不会觉得没味道，一下子吐出来。

**小妙招**
事先和好面，然后让面团"醒"上一段时间，再制作包子皮，蒸出来的包子才会松软有弹性。包子皮要尽量擀薄，包的馅料多一些才好吃。在蒸笼上垫些白菜叶，蒸包子时皮就不会粘底了。

# 素菜包

　　素菜包面皮松软，菜馅鲜美，非常适合宝宝食用。素菜包中的蔬菜可以提供丰富的维生素 C 和 B 族维生素，全面的营养可为宝宝的健康成长护航，让宝宝的免疫功能得到提高。宝宝少生病，才会更聪明。

⏱ 准备时间 1 小时　　🍲 烹饪时间 20 分钟

**主料**

面粉 100 克　＋　青菜 50 克　＋

香菇 3 朵　＋　豆腐干 3 片

**辅料** 香油、酱油各适量

**主要营养素**
＊ 维生素 C
＊ B 族维生素

对平常不喜欢吃青菜的宝宝，要尽可能多地放些各种各样的蔬菜来增加维生素的摄入。

**1** 面粉加水、酵母和好，发酵好后做成若干圆皮备用。

**2** 青菜择洗干净，入热水中焯烫、切碎，挤去水分。

**3** 将香菇、豆腐干洗净，切碎，放入碗中，加入青菜、香油、酱油拌成菜馅。

**4** 面皮包上馅后，把口捏紧，然后上笼用大火蒸熟，取出装盘，不烫时，给宝宝吃。

# 吃辅食后的常见问题

12 个月的宝宝牙齿长出了五六颗，消化系统进一步增强。这个阶段，宝宝要学会逐渐适应不同口味的固体食物，并与家里其他的成员一同吃饭（宝宝吃宝宝餐）。母乳或配方奶仍然是宝宝不可或缺的营养来源。

## 宝宝 2 个月没长身高和体重了，是不是缺碘了

宝宝处于重要的生长发育阶段，如果缺碘会导致生长发育停滞、智力低下、皮肤毛发结构异常、精神发育受阻以至痴呆、聋哑，形成呆小病（克汀病）。因此，必须保证宝宝每日碘的摄取量。建议 6~12 个月的宝宝日摄取碘量为 115 微克。由于过多的碘可能有害，建议每天不要摄入过多。

哺乳妈妈可适当多摄入一些奶制品、海产品、海藻类等，这些都是碘的主要来源。除此之外，谷类、肉类、绿叶蔬菜中也含有碘。此外，值得注意的是海盐中并不含碘，食盐中的碘是在制作过程中添加的。

## 容易过敏的宝宝什么时候可以吃鱼

如果有家族过敏史，如花粉热、哮喘、食物过敏等，至少等到宝宝 1 岁后再吃鱼。因为此时宝宝的免疫系统和消化系统发展得更好，更容易接受鱼肉。需要注意的是，如果宝宝对鱼过敏，也可能对其他水产品、海产品过敏，食用时一定要注意。

## 宝宝只吃水果不吃菜，营养跟得上吗

只吃水果不吃菜和只吃肉不吃菜是一样的道理，都是因为宝宝挑食。不要因为宝宝还小，就觉得宝宝什么都不懂。宝宝的味觉器官处在不断发育和完善中，分辨能力会越来越强，自然会挑选自己喜欢的味道。宝宝不爱吃蔬菜，家长不要强求。1 岁以内，宝宝的主食都是奶。只要宝宝发育正常，就不用过于担心。但要注意，喂宝宝吃水果的时候，不管是果水还是果泥，味道都要淡一些，这样宝宝就不会特别偏爱水果，而变得越来越挑食。

**医生妈妈小叮嘱**

* 缺碘也会导致宝宝生长发育迟缓
* 碘摄入要适量，过多可能有害
* 过敏体质的宝宝要满 1 岁才能吃鱼和海产品 ⚠
* 满 1 岁的宝宝也不要急于断奶
* 宝宝只吃水果营养方面不会有什么问题，但是养成挑食、偏食的习惯不利于宝宝今后的健康，所以应尽量予以纠正
* 吃完水果等甜味食物要给宝宝漱口或者喝些白开水，防止龋齿

## 宝宝 1 岁了，可以吃白糖吗

1 岁不是宝宝能吃或不能吃某种食物的分水岭。盐、白糖、蜂蜜并不是宝宝必需的营养品，也不是必需的调味品。

喜欢吃甜的食物是宝宝的天性，但过度食用对宝宝的牙齿发育不好，还容易养成挑食的坏习惯。盐能让食物变得有滋味，但摄入过多会加重宝宝的心脏、肾脏负担。对于这些非必需品，家长要坚持适度原则，还可以用类似口味的食物代替。如荸荠、雪梨等具有甜味，又能润肺；海带、海苔、紫菜等具有咸味，又能补碘……

## 宝宝总自己啃苹果是怎么回事

以前吃苹果，都是家长用勺子刮下来喂宝宝吃。但宝宝现在不要家长喂了，总是自己拿在手里啃。这是好现象，说明宝宝长牙很顺利，他的牙根有些痒，想吃些东西磨磨牙。有的宝宝吃着吃着，就把嘴里的苹果吐出来，然后接着吃，再吐出来。其实宝宝不是不爱吃，只是磨磨牙。

宝宝长牙的时候，妈妈可以准备些水果，让宝宝自己啃着吃。水果不要太硬，比如苹果、香蕉、橘子、西瓜等水果就很适合。要洗净去皮、去子，保证食用安全。

## 宝宝生病后不爱吃饭怎么办

宝宝生病后进食不佳是常见现象，这可能与身体状况和药物味道刺激有关。有些家长担心宝宝吃饭少，营养补充不足，就给宝宝口服葡萄糖，这种做法不可取。因为快速大量的葡萄糖摄入会增加胰腺和肾脏的负担，如果真的需要补充葡萄糖，也应该根据医嘱进行输注，切不可自行补充。宝宝生病期间，最好不要让宝宝喝果汁等味道重的饮料，而应饮用白开水补充水分，同时饮食也要清淡一些。病情好转后，宝宝的食欲自然会恢复的，不用担心。

**少吃糖果**
糖果含糖量高，吃多易引起龋齿。

### 宝贝吃辅食

自从团团尝过一次棒棒糖后，她便知道那是很美味的东西。每次吃完棒棒糖还不舍得扔，拿着空的棒子还要吸吮半天。

### 医生妈妈小叮嘱

﹡ 1 岁并不是明显的分水岭 ⚠
﹡ 1 岁宝宝可少量吃盐，但白糖、蜂蜜并不是必需的调味品，可用其他食物替代
﹡ 出牙期，宝宝会感觉不适，给他一些有硬度的食物让他啃，会缓解牙痒
﹡ 给宝宝吃的食物应保证食用安全 ⚠
﹡ 宝宝生病不爱吃饭很正常，切勿自行补充葡萄糖 ⚠
﹡ 生病后应给宝宝多补水，吃清淡的食物

# Part 8

# 1~1.5 岁：软烂食物都能吃

　　此时的宝宝对辅食的兴趣越来越浓厚了，除了辛辣刺激的食物和容易过敏的食物，其他软烂食物宝宝都能吃了。同时，宝宝对饮食的偏好也变得越来越明显了，妈妈要注意给予正确的引导，帮助宝宝养成良好的饮食习惯。

# 满 1.5 岁的宝宝会这些

1.5 岁的宝宝，大部分已经学会走路了，有些已经能够跟跄地跑几步了。现在他总是动个不停，他有太多东西需要去探索了。将开着的电视机关闭，把家里的杂物翻个遍，不知疲倦地爬楼梯……你会发现这个小家伙总是充满活力和好奇心。

宝宝身高

宝宝体重

宝宝大运动能力

记下宝宝趣事儿

- 视力可达 0.4　　　　　　　　能看见小虫子，可注视 3 米远的小玩具
- 能听懂简单的语言了　　　　　会听你的指令帮你拿需要的物品
- 能用语言表达自己的需要　　　会说"水"、"走"等，还会说"不要"
- 会区别简单的形状　　　　　　能够识别自己的五官，知道什么是"圆"、"三角"等
- 大运动能力增强　　　　　　　熟练地爬上床，知道利用椅子够拿不到的东西
- 宝宝有大小便会主动跟家长说

　　体重：这个月男宝宝平均体重为 12.5 千克，正常范围 11.6~14.0 千克。女宝宝平均体重为 12.1 千克，正常范围 11.0~13.2 千克。这个阶段体重增长相对较慢。

　　身高：这个月男宝宝平均身高为 85.7 厘米，正常范围 84.0~87.2 厘米。女宝宝平均身高为 84.3 厘米，正常范围 82.9~86.0 厘米。

　　睡眠：这个时期的宝宝每天需睡 12~13 个小时，白天要睡 2 次，每次 1.5~2 个小时。晚上有时会因为憋尿醒 1 次。

妈妈别忘记

# 1~1.5 岁宝宝营养补充重点

这个阶段的宝宝一刻都闲不住, 喜欢跑来跑去, 这儿走走, 那儿看看, 即使吃饭时, 也不会停下来, 所以每天需要补充适量的蛋白质、脂肪、碳水化合物以及维生素、矿物质等。此时, 应让宝宝多吃黄、绿色新鲜蔬菜, 每日还要吃一些水果。有的宝宝还会出现挑食、厌食的情况, 需要家长尽量纠正。

- 适当摄入脂肪　　　　　　　为好动的宝宝提供充足的热量
- 少吃冷饮、快餐　　　　　　呵护宝宝脾胃健康
- 不必追求每餐都营养均衡　　一周内的食材足够丰富多样就能满足宝宝需求
- 边吃边玩的习惯要纠正　　　制定吃饭的规矩有利于培养宝宝独立进餐的习惯
- 不爱吃饭可加餐　　　　　　加餐食物可弥补宝宝所需的营养
- 不要盲目给宝宝补充人工营养素

　　许多学步期宝宝的食欲比以前有所下降, 有的则表现为挑食。会走的宝宝对食物更加挑剔, 不喜欢往往就跑开不吃。这个阶段的宝宝不能坐下来吃饭是很常见的现象。食欲好、食量大、能吃的宝宝, 能够坐在那里吃饭, 一旦吃饱了, 就会到处跑。食欲不是很好、食量小的宝宝, 几乎不能安静地坐在那里好好吃饭。妈妈对这种行为要积极引导, 避免宝宝养成偏食的不良习惯。

　　宝宝喜爱的食物, 不能让他顿顿吃。而对于一些宝宝不喜欢吃的食物, 妈妈可以将它们切碎, 和宝宝喜欢吃的食物混在一起, 或想办法把饭菜的色彩搭配得漂亮一些, 或者改变一下烹调方法, 多跟其他妈妈交流辅食的做法, 吸引宝宝去尝试。

一天喝几次奶

辅食种类

宝宝反应

记下宝宝趣事儿

妈妈别忘记

# 最有爱的小餐桌

## 时蔬浓汤

🕐 准备时间 5 分钟　　🍲 烹饪时间 20 分钟

### 主料

黄豆芽 50 克　　西红柿 1 个　　土豆 20 克　　茄子 20 克

**辅料** 高汤适量

**主要营养素**

※ 维生素 C、苹果酸、柠檬酸

1 黄豆芽洗净，切段；土豆、茄子去皮，洗净切丁；西红柿洗净，用开水烫一下，然后去皮切成丁。

2 高汤加水煮开后放入所有蔬菜，大火煮沸后转小火，熬至浓稠状即可盛出，晾温后喂宝宝。

## 虾皮紫菜蛋汤

🕐 准备时间 3 分钟　　🍲 烹饪时间 10 分钟

### 主料

虾皮 5 克　　　鸡蛋 1 个　　　紫菜 10 克

**辅料** 香菜、盐各适量

**主要营养素**

※ 碘、钙、蛋白质、维生素

1 虾皮、紫菜洗净，紫菜切成末；鸡蛋打散。

2 锅内加水煮沸后，淋入鸡蛋液，下紫菜末、虾皮烧开，加盐、香菜调味即可。

**不宜选购"节节高"的竹笋**
节与节之间距离越近，笋越
嫩，所以选购竹笋不要"节
节高"。

# 五色紫菜汤

五色紫菜汤具有高蛋白、高维生素、低糖、低脂的特点，有助于增
强机体的免疫功能，提高防病、抗病能力。此汤还富含膳食纤维，能有
效促进胃肠蠕动，防治宝宝便秘。

准备时间 10 分钟　　烹饪时间 15 分钟

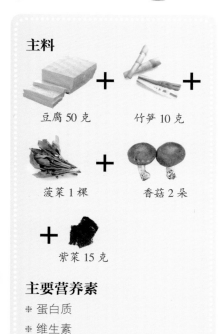

**主料**

豆腐 50 克　　+　　竹笋 10 克

+

菠菜 1 棵　　+　　香菇 2 朵

+

紫菜 15 克

**主要营养素**
* 蛋白质
* 维生素

紫菜可搭配南瓜做成南
瓜紫菜汤，能促进宝宝骨
骼生长。

**1** 将紫菜洗净，切成末；豆腐
切成 2 厘米的方块。

**2** 香菇、竹笋洗净，焯水，晾
凉后切丝。

**3** 菠菜洗净，入沸水中焯烫，
捞出晾凉切碎。

**4** 另取一锅加水煮沸，下所有
食材，煮熟后晾温喂宝宝。

## 蛤蜊蒸蛋

蛤蜊蒸蛋营养价值非常高。蛤蜊含有蛋白质、脂肪、碳水化合物、铁、钙、磷、碘、维生素、氨基酸和牛黄酸等多种成分，是一种低热能、高蛋白的食材，有助于提高宝宝记忆力，促进宝宝的生长发育。

🕐 准备时间 10 分钟　　🍲 烹饪时间 15 分钟

### 主料

蛤蜊 5 个　　＋　　鲜虾 2 个　　＋

鸡蛋 1 个　　＋　　蘑菇 3 朵

### 辅料 盐适量
### 主要营养素

❋ 蛋白质
❋ 脂肪
❋ 碳水化合物

**宝贝吃辅食**

团团对普通的鸡蛋羹已经厌倦了。后来我做了蛤蜊蒸蛋，开始她还不想吃。勉强吃了第 1 口，结果……最后都吃光了！

1 蛤蜊用盐水浸泡，待其吐净泥沙后放入沸水中，烫至蛤蜊张开，取肉切碎待用。

2 鲜虾剪去长须，用牙签剔除虾线，剥去外皮，用水洗干净后切丁。

3 蘑菇洗净，切成小丁；鸡蛋磕入碗内，加适量温开水打散。

4 蛋液中加少量盐，将蛤蜊、虾仁丁、蘑菇丁放入蛋液中拌匀，隔水蒸 15 分钟，盛出。

**可适当加盐**
1.5 岁宝宝的饭菜里可以适
当加盐。

# 玉米鸡丝粥

　　玉米含有较多的谷氨酸和膳食纤维，不仅有健脑的功效，能让宝宝更聪明，还有刺激胃肠蠕动，防治宝宝便秘的作用。鸡肉是高蛋白的食物，脂肪含量非常低，而且多为不饱和脂肪酸，是消化能力弱的宝宝的理想食物。

🕐 准备时间 5 分钟　　🍲 烹饪时间 30 分钟

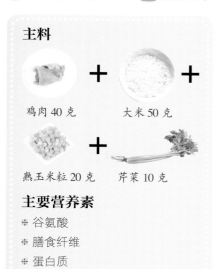

**主料**

鸡肉 40 克　　＋　　大米 50 克　　＋

＋

熟玉米粒 20 克　　芹菜 10 克

**主要营养素**

＊ 谷氨酸
＊ 膳食纤维
＊ 蛋白质

**宝贝吃辅食**

一次，外婆给我们送来很多嫩玉米，我们就煮着吃、炖着吃、熬粥吃……不过团团还是喜欢拿着玉米棒子啃着吃。

**1** 芹菜择洗后切丁。

**2** 大米洗净，加水煮 20 分钟；鸡肉切丝，放入粥内同煮。

**3** 粥熟时，放入熟玉米粒和芹菜丁，稍煮片刻即可盛出，晾温后喂宝宝。

## 淡菜瘦肉粥

淡菜被称为"海中鸡蛋"，含有丰富的蛋白质、氨基酸、钙、磷、铁、锌、维生素等营养元素，其营养价值高于一般的贝类、鱼、虾、畜肉等，对促进新陈代谢，保证大脑和身体活动的营养供给具有积极的作用。另外，多吃此粥，宝宝会更聪明。

🕐 准备时间 12 小时　　🍲 烹饪时间 35 分钟

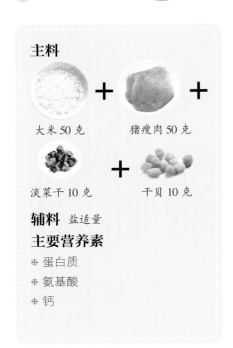

**主料**

大米 50 克　＋　猪瘦肉 50 克

淡菜干 10 克　＋　干贝 10 克

**辅料** 盐适量

**主要营养素**

* 蛋白质
* 氨基酸
* 钙

**1** 淡菜干、干贝清洗干净，并用温水浸泡 12 小时，然后再处理干净，用清水洗净，装盘。

**2** 猪瘦肉切末；大米淘洗干净，浸泡 1 小时。

**3** 锅置火上，加适量水煮沸，放入大米、淡菜、干贝、猪瘦肉末同煮，煮至粥熟后加盐调味，盛入碗中，晾温后喂宝宝。

**小妙招**

淡菜干外面长有一些小毛发，腥味大而且有很多沙子，必须剥掉，这也是淡菜干清洗的主要工序之一。挑选淡菜干时应选择不大不小、肉质肥厚、完整且体型饱满的。

**海苔不宜过量食用**

虽然海苔能够补碘，增强代谢功能，但是海苔的盐分含量比较高，因此不宜长期过量食用。

**宝贝吃辅食**

买的肉松太咸，于是我就自己炒制肉松了，这样更适合团团的胃口。看着她吃得津津有味，我也颇为她的好胃口高兴。

# 肉松饭

　　肉松含有丰富的蛋白质、维生素 $B_1$、维生素 $B_2$、烟酸、维生素 E 及铁、钙、磷、钠、钾等营养素，脂肪含量低，和米饭同食，营养更加全面，不但能促进宝宝生长发育，而且还能预防宝宝贫血。

 准备时间 3 分钟　　烹饪时间 10 分钟

## 主料

大米饭 100 克　肉松 30 克　海苔 15 克

### 主要营养素

＊ 蛋白质

＊ 维生素

### 吃多少就够了

＊ 肉松虽然蓬松味美，但是毕竟是肉食，不宜多吃。

**1** 将米饭平铺在保鲜膜上，把肉松均匀地铺在米饭中间。

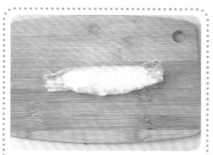

**2** 从一端卷起保鲜膜，让米饭把肉松包起来，用手搓成饭团。

**3** 揭开保鲜膜，将海苔搓碎，均匀地撒在饭团上即成，装盘后给宝宝吃。

**变换花样做面条**
除了木耳、黄瓜，还可以在面条中放些香菇、胡萝卜，颜色更丰富，营养也更均衡。

**宝贝吃辅食**

最开始给团团吃鸡蛋，她就学会了说"蛋蛋"。现在她看到碗里的丸子也还是会说"蛋蛋"。幸好这种"蛋蛋"她也爱吃。

# 丸子面

丸子面不仅含有丰富的蛋白质和钙、磷、铁等矿物质，还含有多种维生素，能够促进宝宝健康成长，对提高宝宝的免疫力和维持体内酸碱平衡都有着重要意义。

准备时间 30 分钟　　烹饪时间 20 分钟

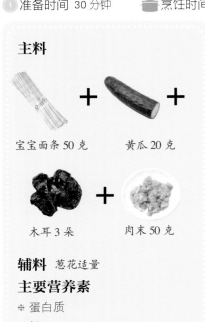

**主料**

宝宝面条 50 克　　＋　　黄瓜 20 克　　＋

木耳 3 朵　　＋　　肉末 50 克

**辅料** 葱花适量

**主要营养素**

※ 蛋白质
※ 钙
※ 磷

**吃多少就够了**

※ 木耳本身不容易消化，制作时一定要泡发切碎，吃的时候也要适量，避免宝宝消化不良。

1 黄瓜洗净切片，木耳用水泡发后切碎。

2 将肉末按顺时针方向搅拌成泥状，分 3 次加几滴水，再挤成肉丸。

3 将面条煮熟，捞出放在碗中备用。

4 将肉丸、木耳、黄瓜煮熟后倒入面碗中，撒上葱花。

# 虾仁蛋炒饭

　　虾仁营养丰富，且肉质松软，易消化，是适合宝宝的极好食物，可为宝宝补充丰富营养。鸡蛋富含蛋白质、维生素、铁、钙、钾等，利于宝宝身体发育。虾仁蛋炒饭含有人体必需的蛋白质、脂肪、维生素 B₁、烟酸、维生素 C 及钙、铁等营养成分，可以提供人体所需的营养、热量，容易消化吸收，而且颜色丰富，最能引起宝宝的食欲。

🕐 准备时间 10 分钟　　🍲 烹饪时间 10 分钟

### 主料

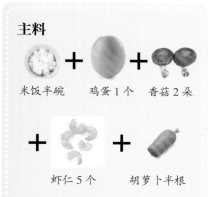

米饭半碗　＋　鸡蛋1个　＋　香菇2朵

＋

虾仁5个　＋　胡萝卜半根

**辅料** 葱花、盐各适量

**主要营养素**

❋ 蛋白质

❋ 脂肪

❋ 维生素 B₁

**1** 鸡蛋打散后倒入米饭中搅拌均匀。

**2** 胡萝卜洗净、切丁，焯熟；香菇洗净，切丁。

**3** 油锅烧热后倒入虾仁略炒，加米饭，翻炒至米粒松散，倒入胡萝卜丁、香菇丁、葱花，翻炒均匀，加盐调味，盛入碗中，晾温后喂宝宝。

### 小妙招

用来炒饭的米饭最好用上一顿剩下的冷米饭，这样炒时很容易和蔬菜等混合在一起，使味道更加均匀。

## 鸡肉炒藕丝

鸡肉炒藕丝含有丰富的维生素 C 以及多种矿物质，能为宝宝提供多种营养素，常吃会让宝宝眼睛更明亮。生藕性凉，做熟后其性由凉变温，既易于消化，又有温补肠胃的功效，非常适合肠胃娇弱的宝宝食用。

🕐 准备时间 15 分钟　　🍲 烹饪时间 10 分钟

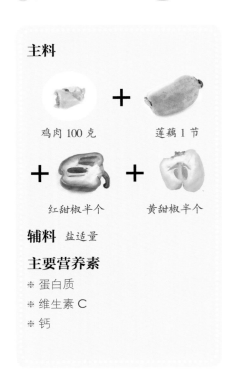

**主料**

鸡肉 100 克　　+　　莲藕 1 节

+　红甜椒半个　　+　黄甜椒半个

**辅料** 盐适量

**主要营养素**
* 蛋白质
* 维生素 C
* 钙

**1** 将鸡肉、红甜椒、黄甜椒洗净，切成丝；莲藕去皮，洗净，竖向切成丝。

**2** 油锅烧热，放入红甜椒丝和黄甜椒丝，炒到有香味时，放入鸡肉丝。

**3** 炒到收干时加藕丝，炒透后加少许盐调味，盛入碗中，给宝宝吃。

**小妙招**

莲藕一年四季均有上市，以夏秋两季的为佳；优质的莲藕表面发黄，断口处有清香味，看起来很白。挑选时要选藕节短而粗的，从藕尖数起的第 2 节藕用来炒食最佳。

**将木耳做软烂**

木耳中含有丰富的铁，把木耳做软烂给宝宝吃，利于铁的吸收。

**宝贝吃辅食**

团团越来越挑食了，总是吃菜而不吃主食。现在她的勺子总是伸向菜碗，对旁边的粥碗视而不见。

# 五宝蔬菜

五宝蔬菜颜色搭配非常漂亮，能一下子吸引宝宝的注意力，从而提高宝宝的食欲。此菜营养丰富，既可以促进宝宝的身体发育，还可以促进宝宝的大脑发育，提高智力水平。

🕐 准备时间 10 分钟      🍲 烹饪时间 5 分钟

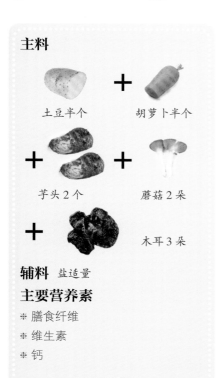

**主料**

土豆半个  ＋  胡萝卜半个

＋  ＋

芋头 2 个  蘑菇 2 朵

＋

木耳 3 朵

**辅料** 盐适量

**主要营养素**

＊ 膳食纤维

＊ 维生素

＊ 钙

1 木耳用温水泡发，去蒂，清洗干净，撕成小片。

2 将土豆、芋头洗净削皮，切成片；蘑菇、胡萝卜洗净，切片。

3 锅内加油烧热，先炒胡萝卜片，再放入蘑菇片、土豆片、芋头片、木耳翻炒，炒熟后加适量盐调味，盛入碗中，给宝宝吃。

# 滑子菇炖肉丸

滑子菇含有蛋白质、脂肪、碳水化合物、膳食纤维、钙、磷、铁、B 族维生素、维生素 C、烟酸和人体所必需的其他各种氨基酸,易于宝宝吸收。滑子菇炖肉丸味道鲜美、营养丰富,对提高宝宝的精力和脑力大有益处。

🕐 准备时间 40 分钟    🍲 烹饪时间 20 分钟

## 主料

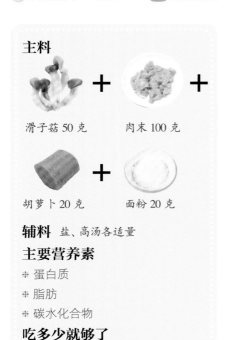

滑子菇 50 克    肉末 100 克

胡萝卜 20 克    面粉 20 克

**辅料** 盐、高汤各适量

**主要营养素**

※ 蛋白质

※ 脂肪

※ 碳水化合物

**吃多少就够了**

※ 1.5 岁的宝宝吃纯肉丸子 2 个就可以了,吃多了易腹胀。

**宝贝吃辅食**

团团吃丸子的时候不小心掉了,丸子在地上滚了好远。然后,她竟然捞起一个丸子故意扔到了地上,看它滚远还笑出声来。

**1** 滑子菇洗净;胡萝卜洗净,切片;肉末加盐、面粉,顺时针搅拌均匀,做成肉丸子。

**2** 锅中加入高汤,烧沸后下肉丸,小火煮开,再放入滑子菇、胡萝卜片。

**3** 煮至菜熟时,调入盐,盛出,晾温后给宝宝吃。

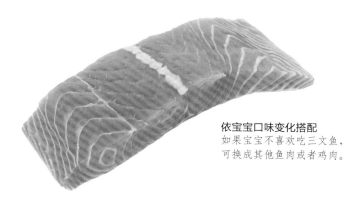

依宝宝口味变化搭配
如果宝宝不喜欢吃三文鱼，
可换成其他鱼肉或者鸡肉。

**宝贝吃辅食**
团团双手拿着三明治吃
了起来，西红柿片越来越往
外凸出，小家伙干脆把它抽
出来吃掉了，还跟我说
"没了"。

# 三文鱼芋头三明治

三文鱼肉质鲜美，营养丰富，是世界上最有益健康的鱼种之一。三文鱼含有丰富的蛋白质、维生素 A、维生素 D、维生素 $B_6$、维生素 $B_{12}$ 及多种矿物质，可以促进血液循环，提高宝宝的免疫力。

准备时间 10 分钟　　烹饪时间 15 分钟

**主料**

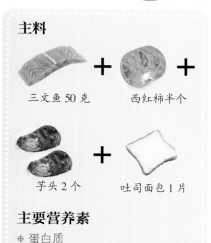

三文鱼 50 克　＋　西红柿半个　＋

芋头 2 个　＋　吐司面包 1 片

**主要营养素**

＊ 蛋白质

＊ 维生素

＊ 矿物质

**小妙招**

挑选三文鱼主要看色泽，颜色鲜亮发红的是比较新鲜的，而不新鲜的则呈现出橘黄色或更浅的颜色。做成熟食吃的三文鱼还是选择速冻的比较卫生。

**1** 三文鱼洗净，上锅蒸熟后，捣碎备用；西红柿洗净，切片。

**2** 芋头放入碗中，上锅蒸熟，去皮后捣碎，加入三文鱼泥，搅拌均匀。

**3** 吐司面包对角切三角形，将做好的三文鱼芋头泥涂抹在吐司面包上，加入西红柿片，盖上另一半吐司面包即可。

# 吃辅食后的常见问题

随着宝宝的乳牙陆续萌出，宝宝的咀嚼消化能力进一步加强，在喂养上与前一段时间略有不同。妈妈应根据宝宝的生长发育情况，适时做出营养补充调整，同时注意纠正宝宝的一些不良饮食习惯，这样才能使他越吃越聪明，越吃越强壮。

## 怎样纠正宝宝爱吃肉不爱吃菜的习惯

肉的营养很丰富，味道也很好，很多宝宝都爱吃肉，如果因此形成偏食，就对健康不利了。太偏好肉类而不爱吃蔬菜等其他食物，容易营养失衡。为了宝宝健康，必须纠正宝宝只爱吃肉不爱吃蔬菜的习惯，尽量把肉和蔬菜混合，并把肉切碎；把肉和蔬菜放在一起长时间熬煮，使蔬菜混合了肉的香气，提高宝宝对蔬菜的接受度。变换不同的口感和花样也容易激发宝宝的食欲。

## 挑食、厌食怎么预防

从婴儿期开始，爸爸妈妈就要注意培养宝宝良好的饮食习惯。少给宝宝吃零食、甜食及冷食，以免打乱宝宝的饮食规律。增加宝宝的活动量，促进食欲。重视食物品种的多样化。每种菜不要重复做，花样多一点儿，还可以做出可爱的造型，以此来增强宝宝的进食欲望。做到以上这些，可在宝宝胃口好、食欲旺盛的情况下纠正偏食习惯。

同时父母应尽量避免以下几种行为：不同种类的食物分开喂，这就像给宝宝出了选择题，不同的食物有不同的味道，宝宝当然会倾向于自己喜欢的某种味道了；家长本身挑食，而且只强调宝宝要吃，自己不以身作则；因为缺乏某种营养素，而对某一种食物喂养过频。

---

### 医生妈妈小叮嘱

❉ 爱吃肉不爱吃菜或者爱吃菜不爱吃饭，都要进行适度引导，保证营养均衡

❉ 把蔬菜和肉混合做成肉菜羹，可逐步改善宝宝偏爱肉食的习惯 ⚠

❉ 饮食习惯要从小开始培养，家长以身作则很重要 ⚠

### 预防厌食的小方法

❉ 少吃甜食、冷饮及各种零食

❉ 让宝宝多运动，可增强宝宝食欲

❉ 变换花样做辅食，调动宝宝的视觉、嗅觉和味觉

### 预防挑食的小方法

❉ 将食材混合后喂养，宝宝就容易接受不喜欢吃的食物了

❉ 家长以身作则，树立榜样

❉ 均衡营养，不要只吃一种菜

宝宝不爱吃辅食怎么办

❌ 餐前吃水果，会影响宝宝的奶量或正餐的进食量。

❌ 餐后吃水果，容易引起便秘。

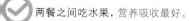
✅ 两餐之间吃水果，营养吸收最好。

吃蜜饯不如吃水果
蜜饯经过腌制加工，其营养不如新鲜水果，而且含糖量高，易引发龋齿。

## 如何纠正宝宝偏食

如果宝宝已经形成了偏食的习惯，家长应该想办法进行纠正。把宝宝感兴趣的食物作为"诱饵"加入到其他食物中。比如，宝宝喜欢吃水果，不喜欢喝粥，可以把水果加入粥里面，这样粥也有了水果的味道。不喜欢某种蔬菜，最简单的办法就是和其他食材混合做成饺子。不要强迫宝宝吃不喜欢的食物，可以亲身示范诱导宝宝进食，或者唱一首与此有关的儿歌，也会增加宝宝对食物的兴趣。

## 宝宝不想吃饭，是胃口不好吗

妈妈每隔一段时间会发现，宝宝的胃口会不好。但只要宝宝没有身体不适，玩得好，情绪也很好，妈妈就不用担心。妈妈要做的不是哄骗宝宝吃饭，也不能追着喂，而是停止喂食高脂肪和难以消化的食物，以减轻宝宝的胃肠负担。妈妈可以做一些含粗粮的饭菜，促进宝宝胃肠蠕动。

如果宝宝正餐吃得太少，妈妈可以在中间加餐时进行补充，或者可以直接省去加餐，让宝宝适当饿一会儿，下一餐宝宝胃口可能就会变得好起来。总之，如果宝宝只是偶尔一两顿不想吃饭，也是正常现象，妈妈不用过分担心。

## 什么时间吃水果最好

餐前给宝宝吃水果会影响宝宝的吃奶量或正餐的摄入量，容易导致营养不良，餐后吃水果容易让食物堵在胃中形成胀气，从而引起宝宝便秘。所以最好把水果放在两餐中间吃，比如午休之后。另外，水果的摄入也要适量，不要让宝宝仅仅以水果为辅食，还要摄取足够多的蔬菜，以补充水果中营养素的不足。

# Part 9

# 1.5~2 岁：辅食地位提高啦

大部分宝宝到这时候已经断奶了，而且能够接受大部分食物了，辅食的地位相应得到了提高。辅食已经可以取代母乳或配方奶，顺理成章地成为宝宝的主要食物了。合理的饮食应是在一日三餐外，再在下午给宝宝加餐 1 次。

# 满 2 岁的宝宝会这些

2 岁的宝宝已经会做很多事情了：可以和小伙伴们追逐游戏了；可以自己用勺子吃饭了，甚至有时还要学习用筷子吃饭；能够将杯子里的水倒入另一个里面而不洒出来；还会拿着笔在纸上胡乱涂鸦；能够把橡皮泥捏成各种形状甚至简单的小动物……

- 辨别能力增强　　　　　　　　　认识多种颜色，并能指认简单的几何图形
- 听觉区分能力成熟　　　　　　　虽然吐字不太清楚，但能够有节奏地唱儿歌
- 语言表达需求的能力提高　　　　能正确使用代词"你"、"我"
- 更加喜欢模仿　　　　　　　　　会模仿他认为有趣的动作
- 能够自如行动　　　　　　　　　可以从跑的状态停下来，但还不能急转弯，还能双脚
　　　　　　　　　　　　　　　　跳 2 次以上
- 喜欢跟比自己大的孩子玩，但有时会打人，不愿意分享玩具

　　体重：这个月男宝宝平均体重为 14.0 千克，正常范围为 13.1~15.3 千克。女宝宝平均体重为 13.1 千克，正常范围为 12.6~14.2 千克。相较于 1 岁前，宝宝身体发育放缓。

　　身高：这个月男宝宝平均身高为 88.9 厘米，正常范围为 87.2~89.8 厘米。女宝宝平均身高为 86.8 厘米，正常范围为 86.0~87.4 厘米。

宝宝身高

宝宝体重

宝宝大运动能力

记下宝宝趣事儿

妈妈别忘记

# 1.5~2 岁宝宝营养补充重点

这个阶段的宝宝已陆续长出十几颗牙齿，主要食物也逐渐从以奶类为主转向以混合食物为主。此时要保证米、面、杂粮等谷类的摄入，以保证宝宝每天运动所需的热能。宝宝正处于生长发育的关键期，蛋白质、钙、铁、锌、碘等营养素的供给也不可少。除此之外，也要保证宝宝每天吃适当的水果、蔬菜。

- 辅食地位提高了         以吃混合食物为主，每天还可以喝 300 毫升奶
- 宝宝菜单要丰富         食材多样，颜色丰富，宝宝才喜欢吃
- 适当吃粗粮             粗粮含有的赖氨酸和蛋氨酸是人体自身不能合成的
- 让宝宝愉快地进餐       进餐前生气会造成食欲低下
- 给宝宝准备一双筷子     让宝宝学习、掌握使用筷子的技巧
- 主食以粮食为主，辅食丰富多样，荤素搭配

    这个阶段的宝宝饮食应向家庭食物过渡，吃的食物类型逐步与家庭成员靠拢，但是还需要另外烹调，要求质地细软，易于咀嚼。宝宝的主食应该以混合食物为主了，在三餐基础上，可在下午给宝宝加一餐，量不能过多，而且不要跟晚餐时间太接近，以免影响晚餐的进食欲望。每天吃的粗粮应不超过当日主食总量的 1/4，并且要挑选适合宝宝的粗粮，进行粗细搭配。可按照粗细 1:5 的比例做主食，粗粮可选择玉米、荞麦、高粱、薯类等。

一天喝几次奶

辅食种类

宝宝反应

记下宝宝趣事儿

妈妈别忘记

# 最有爱的小餐桌

## 枸杞子鸡爪汤

　　枸杞子含有丰富的胡萝卜素、维生素 $B_1$、维生素 C、钙、铁等视力发育所需营养，所以俗称"明眼子"。枸杞子鸡爪汤营养丰富，可提高宝宝的免疫力。

🕐 准备时间 10 分钟　　🍲 烹饪时间 20 分钟

**宝贝吃辅食**

团团拿着鸡爪子左啃右啃，不小心让它戳了一下鼻子。团团好像生气了，对我说："给你！"哈哈，你还是乖乖喝汤吧！

**主料**

鸡爪 4 只　枸杞子 10 克　胡萝卜半根

**辅料** 盐适量

**主要营养素**

※ 胡萝卜素

※ 维生素 $B_1$

**小妙招**

大家都知道枸杞子具有非常好的滋补和治疗作用，如何挑选优质的枸杞子呢？首先，颜色不是特别鲜艳，大小均匀，手感较涩的比较好。还可以尝一下味道，甘甜、不发苦、少子的就是上品。

1 将鸡爪洗净，切成小块；胡萝卜洗净，切片；枸杞子洗净。鸡爪、胡萝卜片入沸水中焯一下。

2 将鸡爪、胡萝卜片、枸杞子倒入锅内，加热水，再放入盐，大火煮开后转小火炖。

3 隔段时间搅拌一下，防止鸡爪粘锅，炖熟后盛出，晾温后给宝宝吃。

# 山药胡萝卜排骨汤

🕐 准备时间 10 分钟　　🍲 烹饪时间 2 小时

**主料**

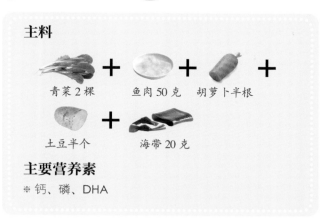

排骨 100 克　＋　山药 50 克　＋　胡萝卜半根　＋

枸杞子 5 克

**主要营养素**

※ 维生素、氨基酸、钙

**1** 排骨洗净，焯水；山药去皮，洗净，切块；胡萝卜洗净，切块。

**2** 排骨放入锅中，加适量水，大火煮开后转小火煮 30 分钟左右，放山药块、胡萝卜块、枸杞子，煮至排骨和山药软烂即可。

# 青菜胡萝卜鱼丸汤

🕐 准备时间 20 分钟　　🍲 烹饪时间 20 分钟

**主料**

青菜 2 棵　＋　鱼肉 50 克　＋　胡萝卜半根　＋

土豆半个　＋　海带 20 克

**主要营养素**

※ 钙、磷、DHA

**1** 将鱼肉剔除鱼刺，剁成泥，制成鱼丸；青菜择洗干净，用开水焯一下，剁碎；胡萝卜、土豆分别洗净，切成丁；海带洗净，切成丝。

**2** 锅内加入适量水，放入海带丝、胡萝卜丁、土豆丁煮软，再放入青菜、鱼丸煮熟即可。

## 三色肝末

🕐 准备时间 30 分钟　　🍲 烹饪时间 20 分钟

**主料**

鸡肝 25 克　＋　胡萝卜半根　＋　西红柿半个　＋

洋葱半个　＋　菠菜 1 棵

**辅料** 高汤、盐各适量

**主要营养素**
※ 铁、维生素 A、维生素 B$_2$

**1** 鸡肝洗净，焯水后切碎；胡萝卜、洋葱洗净切丁；西红柿用开水焯一下，去皮，切碎；菠菜择洗干净，用开水焯一下，切碎。

**2** 将鸡肝末、胡萝卜丁、洋葱丁放入锅内，加入高汤，煮熟，最后加入切碎的西红柿、菠菜，稍煮，调入盐即可。

## 酸奶布丁

🕐 准备时间 20 分钟　　🍲 烹饪时间 10 分钟

**主料**

牛奶 100 毫升　＋　酸奶 50 毫升　＋　苹果 30 克　＋

草莓 30 克　＋　猕猴桃 30 克　＋　火龙果 30 克

**辅料** 明胶粉、白糖各适量

**主要营养素**
※ 维生素 C、钙、磷、钾、核黄素

**1** 牛奶加适量明胶粉、白糖，煮沸，晾凉后加入酸奶，倒入玻璃容器中混匀。

**2** 苹果、猕猴桃、火龙果去皮，切丁；草莓洗净，切块。

**3** 在玻璃容器中加入各色水果丁后冷藏，以促进凝固。给宝宝吃时要晾至常温。

# 核桃粥

⏰ 准备时间 30 分钟　　🍲 烹饪时间 40 分钟

**主料**

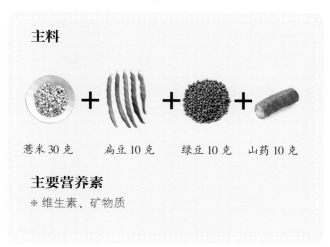

大米 50 克　　花生仁 20 克　　核桃仁 2 个　　红枣 4 颗

**主要营养素**

❈ 碳水化合物、蛋白质

1 核桃仁、花生仁放入温水中浸泡 30 分钟；红枣洗净去核。

2 大米淘洗干净，用冷水浸泡 30 分钟后下锅，大火烧开转小火；放入核桃仁、红枣、花生仁熬至软烂，盛出，晾温后给宝宝吃。

# 扁豆薏米山药粥

⏰ 准备时间 30 分钟　　🍲 烹饪时间 40 分钟

**主料**

薏米 30 克　　扁豆 10 克　　绿豆 10 克　　山药 10 克

**主要营养素**

❈ 维生素、矿物质

1 扁豆洗净，切碎；薏米、绿豆洗净，与扁豆一同浸泡 30 分钟；山药洗净、削皮，切成块。

2 扁豆、绿豆、薏米、山药入锅，加适量的水，共煮为稀粥，盛出，晾温后给宝宝吃。

## 白菜肉末面

　　白菜中的膳食纤维含量达到 90% 以上。膳食纤维被现代营养学家称为"第七营养素"，不但能起到促进排毒的作用，又具有刺激肠胃蠕动、促进大便排泄、帮助消化的功能。膳食纤维的另一重要作用，就是能促进人体对动物蛋白质的吸收。白菜与高蛋白的猪瘦肉、鸡蛋一起烹饪，正好可以发挥这个功效。

🕐 准备时间 10 分钟　　🍲 烹饪时间 20 分钟

### 主料

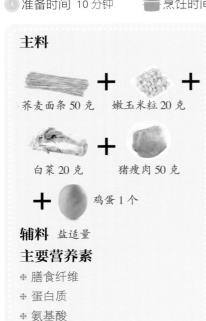

荞麦面条 50 克　　＋　　嫩玉米粒 20 克　　＋

白菜 20 克　　＋　　猪瘦肉 50 克

＋　　鸡蛋 1 个

**辅料** 盐适量

### 主要营养素

＊ 膳食纤维

＊ 蛋白质

＊ 氨基酸

＊ 钙

### 吃多少就够了

＊ 荞麦面一次不宜吃太多，否则容易引起消化不良。

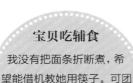

**宝贝吃辅食**

我没有把面条折断煮，希望能借机教她用筷子。可团团拿着筷子试了很久还是挑不起来，后来她干脆放下筷子用手抓了。

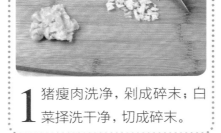

**1** 猪瘦肉洗净，剁成碎末；白菜择洗干净，切成碎末。

**2** 将水倒入锅内，待水沸腾后放入嫩玉米粒、荞麦面条。

**3** 当面条煮到七八成熟时，加入肉末、白菜末再煮至熟。

**4** 出锅前将鸡蛋打散后淋入锅内稍煮，加盐调味即可。

外壳长斑的鸡蛋最好别给宝宝吃
这种鸡蛋质量下降，或存放时间比较长。

**小妙招**

如果不爱吃炒的木耳，还可以凉拌吃，滑脆的口感，能带给宝宝不同的味觉体验。不过要注意把木耳在开水中充分烫熟才能吃。

# 木耳炒鸡蛋

　　木耳炒鸡蛋做法简单、容易上手，而且营养价值颇丰，可改善宝宝营养不良，增进食欲。木耳含有大量的膳食纤维、蛋白质、铁、钙、磷、胡萝卜素、维生素等营养物质，是宝宝健脑益智的好食材。

🕐 准备时间 10分钟　　🍲 烹饪时间 20分钟

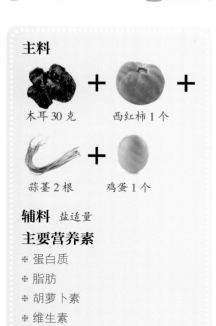

**主料**

木耳30克　＋　西红柿1个　＋

蒜薹2根　＋　鸡蛋1个

**辅料** 盐适量

**主要营养素**

＊ 蛋白质
＊ 脂肪
＊ 胡萝卜素
＊ 维生素

木耳滋润，易滑肠，容易腹泻的宝宝应慎食。

**1** 西红柿切块；木耳泡发，切碎；蒜薹切段。

**2** 鸡蛋打入碗内，加少许盐搅匀。

**3** 油锅烧热，倒入鸡蛋液炒成块，盛出。

**4** 油锅烧热，加入蒜薹炒匀，加入木耳、西红柿翻炒至熟，加入鸡蛋、盐炒匀即可。

## 洋葱炒鱿鱼

鱿鱼富含钙、磷、铁、硒、碘、锰、铜等矿物质，充足的矿物质供给，利于宝宝长身体。

🕐 准备时间 10 分钟　　🍲 烹饪时间 10 分钟

**主料**

鲜鱿鱼 1 条　＋　洋葱 100 克　＋　青椒半个　＋

红椒半个

**辅料** 盐适量
**主要营养素**
※ 维生素、钙、磷、铁、硒、碘

1 鲜鱿鱼处理干净，切粗条，放入开水中焯烫，捞出；洋葱、青椒、红椒洗净，切块。

2 油锅烧热，放入洋葱、青椒、红椒翻炒，然后放入鱿鱼条，快熟时加盐调味即可。

## 什锦水果沙拉

水果沙拉不仅新鲜美味，而且营养价值极高。水果包含丰富的矿物质，以及促进消化的膳食纤维。

🕐 准备时间 10 分钟　　🍲 烹饪时间 5 分钟

**主料**

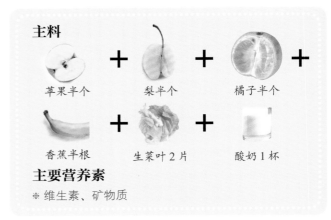

苹果半个　＋　梨半个　＋　橘子半个　＋

香蕉半根　＋　生菜叶 2 片　＋　酸奶 1 杯

**主要营养素**
※ 维生素、矿物质

1 将香蕉去皮，切片；橘子剥开，分瓣；苹果、梨洗净，去皮、去核，切片；生菜洗净。

2 在盘里用生菜叶垫底，上面放香蕉片、橘子瓣、苹果片、梨片，再倒入酸奶拌匀即可。

南瓜宜蒸久一些
南瓜要蒸得久一点，既
容易制作，口感又好。

# 南瓜饼

　　南瓜营养丰富，其中富含的胡萝卜素，可以在人体内转化为维生素 A，从而利于宝宝骨骼生长。南瓜中含有的果胶可吸附人体内的有害物质并排出，有解毒的作用。红豆含蛋白质及多种矿物质，有利尿、消肿、补血的功效。南瓜饼香甜软糯，具有温补强壮的作用，可增强宝宝的免疫力。

准备时间 30 分钟　　烹饪时间 20 分钟

## 主料

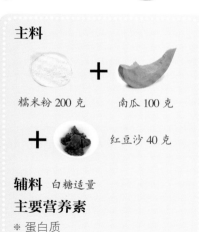

糯米粉 200 克　　＋　　南瓜 100 克

＋　　红豆沙 40 克

**辅料** 白糖适量
**主要营养素**
＊ 蛋白质
＊ 维生素
＊ 胡萝卜素

## 小妙招

南瓜做成泥时也可以用锅蒸，这样做出的南瓜泥水分会比较多。一般我们吃的南瓜饼是用油煎熟的，给宝宝吃最好还是用蒸的吧，这样比较容易消化。

1 南瓜去皮，去子，洗净，蒸熟，用搅拌机搅打成泥，加糯米粉、白糖和成面团。

2 把面团分几小份，分别做成饼坯。

3 将红豆沙搓成小圆球，包入饼坯中。

4 将饼坯擀压成饼状，上锅蒸 20 分钟出锅装盘，给宝宝吃。

# 西蓝花虾仁

虾的营养价值极高，含有丰富的锌，能提高记忆力，提高睡眠质量，让宝宝生长得更加健康和聪明。西蓝花虾仁还含有钙、维生素 A、磷、钾等，能使宝宝精力更集中。

🍲 准备时间 20 分钟　　🍳 烹饪时间 10 分钟

**宝贝吃辅食**

红红绿绿的菜摆在团团面前，她一眼就注意到我精心制作的"胡萝卜花"，还高兴地指给我看，嘴里发出不太清楚的"花花"的音。

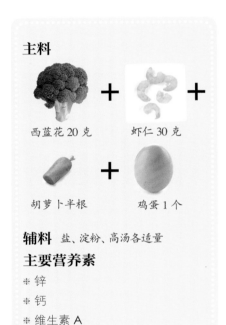

**主料**

西蓝花 20 克 ＋ 虾仁 30 克 ＋

胡萝卜半根 ＋ 鸡蛋 1 个

**辅料** 盐、淀粉、高汤各适量

**主要营养素**

❋ 锌

❋ 钙

❋ 维生素 A

1 鸡蛋打开，取蛋清；虾仁洗净，用盐、蛋清及淀粉搅拌均匀。

2 西蓝花洗净，掰成小朵；胡萝卜洗净，去皮，切成花形。

**小妙招**

要使虾仁吃起来鲜嫩，首先要用干净餐巾擦去虾仁的余水，放入盐腌渍一会，再用挤压的方法，使虾仁的余水进一步排出，加入干淀粉反复搅拌，在虾仁上劲后，加入少量的油抓拌均匀备用。

3 油锅烧热，放入虾仁快速煸炒，再放入西蓝花、胡萝卜煸炒，加入适量高汤，煮沸，盛出，晾温后喂宝宝。

**土豆增强体力**

土豆富含碳水化合物，可为
宝宝补充体力，让宝宝健康
又强壮。

# 荞麦土豆饼

　　荞麦粉中的蛋白质比面粉高，尤其适合迅速发育的幼儿食用，其中的赖氨酸和精氨酸会让父母惊讶于孩
子的长高速度和聪明程度。土豆富含碳水化合物，可以很好地为宝宝补充体力。

🕐 准备时间 10 分钟　　🍲 烹饪时间 30 分钟

**主料**

面粉 30 克　＋　荞麦粉 30 克　＋　土豆 20 克

＋

配方奶 50 毫升　＋　西蓝花 20 克

**主要营养素**

❋ 蛋白质
❋ 维生素
❋ 胡萝卜素

**小妙招**

变绿发芽的土豆严禁添加到宝宝
的辅食里。储存土豆时，可以放几
个苹果，苹果产生的乙烯会抑制土
豆芽眼处的细胞产生生长素，土豆
就不容易发芽了。

**1** 土豆去皮，切丝，丝太长的
话横切两刀，使其变短。

**2** 西蓝花放入沸水中焯烫 1
分钟，捞出切碎。

**3** 将土豆丝、西蓝花碎、荞麦
粉、面粉、配方奶一起搅拌，
使其成为较为黏稠的面糊。

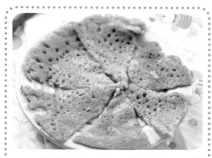

**4** 将搅拌好的面糊倒入不粘
锅中，煎成小饼，盛入盘中，
给宝宝吃即可。

## 鸡肉蛋卷

　　鸡肉中蛋白质的含量较高，而且易消化，很容易被人体吸收利用，有增强体力、强壮身体的作用。鸡蛋中含有对人体生长发育有重要作用的卵磷脂、氨基酸，可以促进宝宝大脑神经系统与脑容积的增长、发育，让宝宝更聪明。

🕐 准备时间 20 分钟　　🍲 烹饪时间 15 分钟

**主料**

面粉 30 克　＋　高粱面 30 克　＋

鸡肉 50 克　＋　鸡蛋 1 个

**辅料** 盐适量
**主要营养素**
✳ 蛋白质
✳ 卵磷脂

1 鸡肉洗净，剁碎，置于碗中，加适量盐搅拌均匀。

2 将鸡蛋打到碗里，加适量面粉、高粱面和水搅成面糊。

**小妙招**

新鲜的鸡蛋表面是比较粗糙的，外壳上附着一层霜状粉末。外壳光滑有亮光的鸡蛋不够新鲜。还有一种简单明了的方法可以判断鸡蛋的新鲜程度。把鸡蛋浸在冷水里，如果它沉到底部并且平躺在水里，说明十分新鲜；如果它笔直地立在水中，可能存放了 10 来天了；如果它浮在水面上，这说明鸡蛋可能变质了。

3 平底锅加油烧热，然后倒入面糊，用小火摊成薄饼。

4 将薄饼平铺在盘子里，加入鸡肉碎，卷成长条，上锅蒸熟后出锅装盘即可。

**吃芝麻酱要控制好量**
宝宝一次吃 5 克芝麻酱
就够了，约为家用汤匙
的一半左右。

**宝贝吃辅食**

团团有了以前的经历，不
再小看这酱色的食物了。没
等我请她来吃，她就已经跟
在我身后说着："给我，
给我。"

# 麻酱花卷

芝麻酱中钙的含量较高，经常食用，对宝宝的骨骼、牙齿发育大有益处。

🕐 准备时间 30 分钟　　🍲 烹饪时间 20 分钟

**主料**

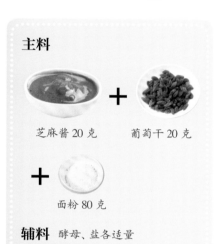

芝麻酱 20 克　　＋　　葡萄干 20 克

＋

面粉 80 克

**辅料** 酵母、盐各适量

**主要营养素**

＊ 蛋白质

＊ 维生素

＊ 胡萝卜素

**吃多少就够了**

＊ 芝麻酱中含有大量油脂，胖宝
　宝不宜多吃。

**1** 面粉加入酵
母、水和匀，
放温暖处发酵。
芝麻酱边加水边
搅拌，加入盐调
匀，备用。

**2** 将发好的面团擀成薄片，抹
上芝麻酱，撒上葡萄干，卷
起，切成段，将每 2 段拧成花卷。

**3** 将花卷码入屉内，大火蒸
15 分钟后关火，5 分钟后再
打开锅盖，取出，放入碗中即可。

# 吃辅食后的常见问题

在这个阶段，宝宝的食物不应该称作辅食了，而是主食。同时，这个阶段是培养宝宝饮食习惯的关键期，家长不但要鼓励、引导，还要以身作则。

**医生妈妈小叮嘱**

* 巧克力可以吃，但要少吃 ⚠
* 吃太多巧克力会影响宝宝食欲，进而影响发育 ⚠
* 宝宝吃零食的前提是有规律的三餐饮食，不可让零食影响主食的摄入量
* 选择零食有讲究
* 零食最好选择营养丰富的天然食材 ⚠
* 买来的零食肯定会有一些添加成分，妈妈在家也可以自己给宝宝做一些零食
* 大部分含糖零食要限量吃

## 宝宝能吃巧克力了吗

巧克力香甜可口，宝宝非常喜欢吃。但巧克力热量较高，蛋白质较少，含糖量也较多，不符合宝宝生长发育的需要。而且，吃太多巧克力往往会导致食欲下降，影响宝宝的生长发育。所以妈妈不要让宝宝长期、过量吃巧克力，只能把巧克力当作偶尔的零食。

## 宝宝 2 岁了，能吃零食吗

当宝宝的日常饮食变为一日三餐后，我们就可以规律性地给他些零食吃了。❶ 可经常食用的零食：如水果、坚果、酸奶等，这些零食既可提供一定的能量、膳食纤维、钙、铁、锌等人体必需的营养素，又可避免摄入过量的油、糖和盐，有益于健康。❷ 可适当食用的零食：如蔬干、奶片等，这些零食营养素含量相对丰富，但却是含有或添加中等量油、糖、盐等，可适当食用但不宜多吃。❸ 限量食用的零食：油炸食品、罐头、炼乳等，这些零食含有或添加较多油、糖、盐，提供能量较多，但几乎不含其他营养素。经常食用这些零食会增加患超重、肥胖以及其他慢性病的风险。

### 宝宝可以吃哪些零食

⊗ 油炸、膨化、腌制等食品，都不适合作宝宝的零食。

⊗ 碳酸饮料，会影响宝宝对钙的吸收。

⊘ 鲜牛奶、酸奶、煮玉米、全麦饼干，适合给宝宝当零食。

⊘ 新鲜水果、鲜榨果汁、坚果，都可以经常食用。

**绿叶蔬菜选取叶子**

制作辅食的时候尽量选取蔬菜的叶子部分，少用茎。

**宝贝吃辅食**

团团摆弄起小玩具来小手显得很灵活，可让她拿起筷子夹菜，她始终都不能自如地将两根筷子分开。

**医生妈妈小叮嘱**

❋ 一般宝宝在 3 岁前会萌出 20 颗乳牙

❋ 有些宝宝牙齿发育晚，并不是因为缺钙 ⚠

❋ 是否补钙应咨询医生

❋ 2 岁的宝宝可以开始练习使用筷子了 ⚠

❋ 想要教会宝宝用筷子需要很大的耐心

❋ 吃饭要定时定量 ⚠

❋ 吃饭前先让宝宝做好心理准备

❋ 纠正宝宝偏食要以身作则

❋ 多鼓励、表扬宝宝，让宝宝快乐地进餐

## 宝宝快 2 岁了，牙齿还没长全，需要补钙吗

一般来说，只要宝宝的 20 颗乳牙在 3 岁前长出来，就没有什么问题。如果宝宝满 3 岁了，牙齿还没有长全，可能是牙齿发育晚，并不一定是缺钙。应该找医生查找原因，并决定是否采取治疗措施。

## 如何教宝宝使用筷子

宝宝开始拿筷子吃饭，小手动作可能不太协调，操作起来较困难，父母可以先让宝宝做练习。

方法是：给宝宝准备 1 双小巧的筷子、2 个小碗作为玩具餐具，让宝宝用手练习握筷子。用拇指、食指、中指操纵第 1 根筷子，用拇指、中指和无名指固定第 2 根筷子，同时父母也拿 1 双筷子在旁边做示范。

## 怎样培养宝宝好的饮食习惯

除了丰富宝宝的菜谱，防止宝宝挑食外，还有以下几点需要注意：

❶ 按时吃饭。一日三餐按时吃，能够帮助宝宝形成固定的饮食规律。❷ 饭前先提醒。事先提醒的话，宝宝心理上会有准备，有助于愉快进餐。反之则会产生抵触情绪。❸ 引导宝宝平衡饮食、不偏食。宝宝偏食多可能源自某些家长自身偏食的影响，或者因连续吃某种食物而形成厌恶反应等。因此家长应注意避免出现此类情况。❹ 营造一个轻松愉快的用餐环境。宝宝吃饭较慢时，不要催促，更不要斥责宝宝，多表扬和鼓励宝宝，这样能增进宝宝食欲，让宝宝体会用餐的快乐。

# Part 10

## 2~3 岁：营养均衡最重要

3 岁的宝宝经常满世界疯跑，每天的活动量相当大，而且这个阶段也是宝宝身体各项功能发育的关键期，所以妈妈在宝宝的饮食上要注意荤素搭配，谷物、豆类、肉类、蔬菜、水果都要吃，这样才能达到营养均衡。

# 满 3 岁的宝宝会这些

这个年龄段的宝宝对身体操纵更加灵活，后退和拐弯也不再生硬；会踢球，并能掌握球的正确方向。宝宝手部精细动作进一步增强，会搭积木、穿珠子、脱衣服、穿鞋子。满 3 岁的宝宝语言能力进一步增强，基本能掌握一些常用的口语，几乎每天都能说出令爸爸妈妈"难以置信"的词句。

| | |
|---|---|
| ● 视觉发育成熟 | 可注视自己感兴趣的东西长达 2 分钟，能观察到事物细小的变化 |
| ● 听觉辨别能力增强 | 能辨别不同物体甚至不同乐器发出的声音 |
| ● 日常口语熟练运用 | 宝宝说话比较连贯，有时甚至会简单叙述事情经过 |
| ● 抽象思维开始萌芽 | 会产生简单的联想，并做出假想性的表演活动 |
| ● 动作发育比以前更加成熟 | 会骑着三轮脚踏车前进、后退、转弯，会拍皮球 |
| ● 玩游戏时知道遵守游戏规则 | |

体重：这个月男宝宝平均体重为 15.8 千克，正常范围 15.0~16.6 千克。女宝宝平均体重为 15.4 千克，正常范围 14.8~16.3 千克。

身高：这个月男宝宝平均身高为 97.8 厘米，正常范围 96.3~99.7 厘米。女宝宝平均身高为 97.5 厘米，正常范围 95.7~98.9 厘米。

宝宝身高

宝宝体重

宝宝大运动能力

记下宝宝趣事儿

妈妈
别忘记

# 2~3 岁宝宝营养补充重点

满 3 岁的宝宝总是跑来跑去，运动量比较大，需要补充全面而充足的营养。宝宝每天所需的蛋白质、脂肪和碳水化合物的重量比例约为 1:0,8:4，总热量达到 1300 千卡。宝宝的肠胃还需要注意保护，适量的乳酸菌有利于宝宝肠道的健康。除此之外，此阶段应注意卵磷脂、硒等营养素的摄取。此阶段父母应抓住培养宝宝饮食习惯的好时机，帮助宝宝尽早地融入到家庭饮食中。

- 膳食搭配要均衡　　　　　谷物、豆类、肉食、水果、蔬菜都需要摄入
- 预防肥胖　　　　　　　　限制甜食摄入量，增加运动量
- 每天补充奶制品　　　　　建议为宝宝选择适龄的配方奶
- 注重口腔卫生　　　　　　坚持刷牙，多吃苹果，预防龋齿
- 早餐很重要　　　　　　　为宝宝准备丰盛的早餐
- 烹制宝宝餐注意保持营养

　　为了取得各种必需的营养素，宝宝就要摄取多种食物。宝宝每天的饮食中必须有下述几类食物。

　　谷物：米、面、杂粮、薯类等是每顿的主食，是提供热量的主要食物。

　　蛋白质：主要由豆类或动物性食物提供，是宝宝生长发育所必需的。宝宝所需的 20 种氨基酸主要从蛋白质中来。每日膳食中豆类和不同的动物性食物要适当搭配，才能获得丰富的氨基酸。

　　蔬菜和水果：蔬菜和水果是提供矿物质和维生素的主要来源，而且蔬菜和水果是不能相互代替的。

　　油脂：油脂是高热量食物。人们习惯使用植物油或调和油，宝宝每天的饮食中也需要一定量的油脂。

一天喝几次奶 _____

辅食种类 _____

_____

_____

宝宝反应 _____

_____

_____

记下宝宝趣事儿 _____

_____

_____

_____

_____

_____

妈妈<br>别忘记

# 最有爱的小餐桌

## 紫菜虾皮南瓜汤

　　虾皮中铁、钙、磷的含量很丰富，每 100 克虾皮，钙的含量为 991 毫克，因此，虾皮素有"钙库"之称，对宝宝骨骼发育和牙齿生长极为有利。搭配南瓜做汤，营养更全面，口感也更丰富，是宝宝喜爱的一道辅食。

🕐 准备时间 10 分钟　　🍳 烹饪时间 20 分钟

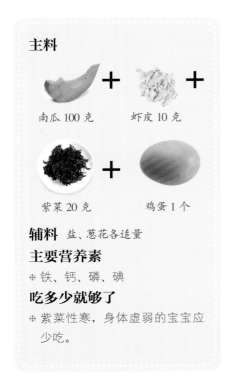

**主料**

南瓜 100 克　+　虾皮 10 克　+

紫菜 20 克　+　鸡蛋 1 个

**辅料** 盐、葱花各适量

**主要营养素**

＊铁、钙、磷、碘

**吃多少就够了**

＊紫菜性寒，身体虚弱的宝宝应少吃。

**宝贝吃辅食**

团团虽然能自己吃饭了，但她却不想自己吃，故意不吃饭。奶奶便哄她，"比比看，谁先吃完"，这方法对她很管用。

1 将南瓜洗净，去皮，去瓤，切成小丁；鸡蛋磕入碗内，打散备用。

2 虾皮、紫菜用温水浸泡一会儿，淘洗干净备用。

3 清水锅内放入南瓜丁和虾皮，大火煮至南瓜软烂，用小勺压散。

4 加入紫菜略煮，把蛋液倒入锅中，最后加入盐、葱花调味即可。

# 双瓜酸牛奶

🕐 准备时间 10 分钟　　🍲 烹饪时间 5 分钟

**主料**

西瓜 50 克　　哈密瓜 50 克　　酸奶 30 毫升

**辅料** 蜂蜜适量
**主要营养素**
※ 蛋白质、膳食纤维、维生素、糖类

**1** 西瓜、哈密瓜均去皮，去子，切小块，一起放入榨汁机中榨汁。

**2** 将榨好的汁液与酸奶、蜂蜜搅拌均匀，倒入杯中，给宝宝喝。

# 牛奶草莓西米露

🕐 准备时间 10 分钟　　🍲 烹饪时间 45 分钟

**主料**

西米 50 克　　牛奶 150 毫升　　草莓 3 个

**辅料** 蜂蜜适量
**主要营养素**
※ 碳水化合物、蛋白质、维生素、钙

**1** 将西米放入沸水中煮到中间剩下个小白点，关火焖 10 分钟。

**2** 将焖好的西米放入碗中，加入牛奶一起冷藏半小时。

**3** 把草莓洗净切块，和牛奶、西米拌匀，加入适量蜂蜜调味即可。

## 炒红薯泥

红薯中富含多种维生素，核桃仁、花生、葵花子中 DHA 含量较高，有利于宝宝大脑的快速发育。

🕙 准备时间 10 分钟　　🍲 烹饪时间 15 分钟

**主料**

红薯 1 个　　　葵花子 5 克

熟花生仁 5 个　　熟核桃仁 2 个

**辅料** 玫瑰汁、芝麻、蜂蜜、蜜枣丁、红糖水各适量

**主要营养素**

※ 维生素

※ DHA

1 红薯去皮后上锅蒸熟，然后制成泥；熟核桃仁、熟花生仁压碎。

2 锅中放适量油，烧热后将红薯泥倒入翻炒，倒入红糖水继续翻炒。

**宝贝吃辅食**

有一次买的红薯不甜，团团不喜欢吃。后来我做成了炒红薯，团团拿着空盘子问我："妈妈，我还能再吃一盘吗？"

3 再将玫瑰汁、芝麻、蜂蜜、花生仁碎、核桃仁碎、葵花子、蜜枣丁放入，继续翻炒均匀，盛入碗中，晾温后给宝宝吃即可。

# 虾皮鸡蛋羹

　　虾皮含有丰富的钙和磷，非常适合宝宝；青菜经焯烫后可以去除部分草酸，更有利于钙质的吸收。两者与鸡蛋搭配，不仅可以帮助宝宝补充钙质，还可以满足宝宝身体对蛋白质的需求，促进其生长发育。

🕐 准备时间 10 分钟　　🍲 烹饪时间 10 分钟

**小妙招**

用温水搅拌的蛋液，上锅蒸后不会起气泡。妈妈还可以把虾皮换成虾仁，剁成泥，这样更适合宝宝食用。

**主料**

鸡蛋 1 个　　+　　青菜 10 克　　+

虾皮 5 克

**辅料** 香油适量

**主要营养素**

❋ 蛋白质

❋ 卵磷脂

❋ 钙

❋ 铁

❋ 磷

对海产品过敏的宝宝，妈妈可以直接用牛奶蒸蛋羹，此羹同样是促进生长的营养佳品。

1 用温水把虾皮洗净泡软，然后切细碎。

2 青菜洗净略烫一下，然后也切碎。

3 将虾皮、青菜碎与打散的鸡蛋相混匀，加适量水。

4 上锅蒸，或以微波加热 10 分钟左右，出锅时用香油调味，晾温后给宝宝吃。

## 鱼泥豆腐苋菜粥

🕐 准备时间 10 分钟　　🍲 烹饪时间 40 分钟

**主料**

大米 30 克　　鱼肉 20 克　　嫩豆腐 20 克

苋菜嫩叶 20 克

**主要营养素**
* 碳水化合物、蛋白质、维生素、钙、铁、钾

1 鱼肉煮熟后去骨、去刺，捣碎成泥；嫩豆腐切丁；苋菜洗净，切碎。

2 大米洗净，加水煮成粥，然后将鱼肉泥、豆腐丁与苋菜碎加入锅中，再煮 5 分钟，盛出即可。

## 牛肉鸡蛋粥

🕐 准备时间 30 分钟　　🍲 烹饪时间 45 分钟

**主料**

大米 30 克　　牛肉 30 克　　鸡蛋 1 个

**辅料** 盐、葱花各适量
**主要营养素**
* 蛋白质
* DHA
* 钙

1 牛肉洗净，切末；鸡蛋打散；大米淘洗干净，浸泡 30 分钟。

2 将大米放入锅中，加水，大火煮沸，放入牛肉末，同煮至熟，淋入鸡蛋液稍煮，加盐、葱花调味，盛出即可。

做鱼少放调料

做鱼时应少放调料，太多调味料会掩盖鱼的鲜味。

**小妙招**

挑选鲈鱼以 750 克为宜，鱼太大肉质会比较粗糙。选择体型溜长、颜色偏青、鱼鳞有光泽、透亮的为好。用手指按一下鱼身，富有弹性的就表示鱼体较新鲜。

# 清蒸鲈鱼

　　鲈鱼富含蛋白质、维生素 A、B 族维生素、钙、镁、锌、硒等营养元素，具有补肝肾、益脾胃、化痰止咳之效，对肝肾不足的宝宝有很好的补益作用。清蒸鲈鱼不仅口感鲜美，还能最大限度地保留营养，非常适合宝宝食用。

🕐 准备时间 10 分钟　　🍲 烹饪时间 10 分钟

**主料**

鲈鱼 1 条

**辅料** 葱段、姜片各适量

**主要营养素**

※ 蛋白质

※ 维生素 A

**1** 鲈鱼去鳞，去鳃，去内脏，洗净后在鱼身两面划上刀花，放入蒸盘中。

**2** 在鱼身上撒上葱段、姜片，水开后上蒸锅。

给宝宝吃，无论什么鱼，清蒸都是最好的烹饪方式，可最大程度地保留鱼的营养，而且味道清香，有利于宝宝的味觉发育。

**3** 蒸 10 分钟左右即可出锅，晾温后喂宝宝吃。

## 玉米香菇虾肉饺

这款饺子食材丰富、味道鲜美，含有丰富的蛋白质、卵磷脂和 B 族维生素，可强健宝宝身体。虾肉饺口感鲜香，吃起来有一定的滑感，加上玉米甜甜的味道，宝宝一定喜欢吃。

🕐 准备时间 30 分钟　　🍲 烹饪时间 20 分钟

**宝贝吃辅食**

团团学着我们的样子，拿饺子蘸醋吃。吃到嘴里后，她的眼睛不自觉地眯起来，然后还跟我们说"好吃"。

**主料**

饺子皮 15 个　　猪肉 150 克

香菇 3 朵　　虾仁 5 个　　胡萝卜 1/4 根

**辅料** 玉米粒、盐各适量

**主要营养素**
* 蛋白质
* 脂肪
* 维生素
* 钾
* 碘

**吃多少就够了**
* 玉米粒比较不容易消化，肠胃功能差的宝宝要少吃点。

**1** 胡萝卜切小丁，香菇泡后切小丁，虾仁切丁。

**2** 猪肉和胡萝卜一起剁碎，放入香菇丁、虾仁丁、玉米粒搅匀，再加入盐制成馅。

**3** 饺子皮包上肉馅，包出自己喜欢的形状，入沸水锅中煮熟，捞出装盘，稍晾一下，即可给宝宝吃了。

**激发宝宝好奇心**
就像豆荚色裹着豌豆，蛋皮包裹着炒饭，让好奇的宝宝猜猜这次里面都是什么吃的。

# 蛋包饭

　　蛋包饭含有人体必需的蛋白质、脂肪、维生素及钙等营养成分，可以提供人体所需的营养、热量。蛋包饭颜色丰富，营养均衡，会是宝宝喜爱的主食。

🕐 准备时间 30 分钟　　🍲 烹饪时间 30 分钟

**主料**

米饭半碗　鸡蛋 2 个　玉米粒 20 克

培根 20 克　　豌豆 20 克

**辅料** 面粉、洋葱各适量

**主要营养素**

❋ 蛋白质

❋ 脂肪

❋ 维生素

❋ 钙

**小妙招**

煮饭前，先用温水将大米浸泡20~30分钟，可以促进其"芽化"，刺激大米中多种酶的产生。多吃芽化的大米饭，可提高宝宝的智力。豌豆也要多泡、多炒一会儿。

**1** 豌豆洗净；洋葱洗净，切丁；培根切丁；鸡蛋加适量面粉、水搅匀。

**2** 热锅放油，下培根丁、玉米粒、洋葱丁、豌豆煸炒，然后放入米饭炒匀，盛出。

**3** 油锅烧热，将打散的鸡蛋液摊成蛋皮。

**4** 在蛋皮上放一层炒好的米饭，四边叠起，放入盘中即可。

## 葵花子芝麻球

葵花子芝麻球不但香酥可口，而且非常适合宝宝食用。葵花子可是瓜子中的佼佼者，它含有丰富的不饱和脂肪酸，有利于提高宝宝记忆力，促进大脑的发育；还含有丰富的维生素 E，可增强宝宝脑神经细胞活力，提高免疫力。芝麻含有极为丰富的铁、钙、蛋白质，这些恰恰是宝宝成长发育中最需要的营养素。

🕐 准备时间 30 分钟　　🍲 烹饪时间 15 分钟

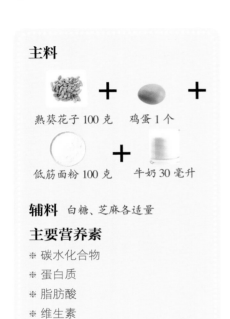

### 主料

熟葵花子 100 克　＋　鸡蛋 1 个　＋

低筋面粉 100 克　＋　牛奶 30 毫升

**辅料**　白糖、芝麻各适量

### 主要营养素
* 碳水化合物
* 蛋白质
* 脂肪酸
* 维生素

### 小妙招

芝麻球表面的芝麻在吃的时候很容易掉落，所以在做的时候，圆球滚上芝麻后应该稍微按压一下，或者直接把芝麻加入到面粉里，揉在面团里，这样做出来的芝麻球就不会掉芝麻了。

**1** 将熟葵花子用擀面杖擀烂；白糖用水化开；鸡蛋打散备用。

**2** 将部分蛋液加入到低筋面粉中，然后加糖水、牛奶、葵花子末，搅拌均匀，制成面团。

**3** 用手将面团揉成一个个小圆球，在圆球上刷一层蛋液，放在芝麻里滚一圈。

**4** 将做好的芝麻球放入烤箱中下层，上下火，160℃，烤制 15 分钟就可以给宝宝吃了。

让宝宝参与制作
制作水果蛋糕的过程中可让
宝宝帮忙洗水果，这样宝宝
不仅爱吃，还有成就感。

**宝贝吃辅食**
团团 3 周岁生日时，我
做的水果蛋糕虽然不太
成功，不过她吃得很
开心。

# 水果蛋糕

　　这款水果蛋糕可口又营养，含有丰富的 B 族维生素和维生素 C，能促进宝宝生长发育，同时保护皮肤健康，让宝宝气色更好。另外，苹果中富含大量锌元素，可维持大脑正常功能，促进宝宝智力发展。

⏱ 准备时间 30 分钟　　🍲 烹饪时间 20 分钟

## 主料

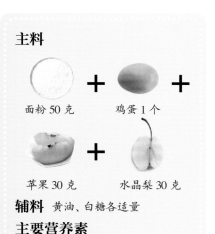

面粉 50 克　　+　　鸡蛋 1 个　　+

苹果 30 克　　+　　水晶梨 30 克

**辅料** 黄油、白糖各适量

### 主要营养素

＊ 碳水化合物

＊ 蛋白质

＊ 维生素

＊ 膳食纤维

### 吃多少就够了

＊ 腹泻的宝宝最好不要直接吃梨，可以煮熟了再吃。

**1** 苹果和水晶梨分别洗净，去皮、核，切碎备用。

**2** 黄油化开，加白糖，边搅拌边加鸡蛋，搅成白色稠糊状。

**3** 加入面粉，搅成面糊；加入切碎的苹果、梨。

**4** 面糊倒进模具中，上锅隔水蒸熟，放凉后切块即可。

# 吃辅食后的常见问题

2~3 岁的宝宝乳牙已大部分出齐，消化能力进一步提高，在膳食安排上可以比照成人的饮食内容。不过在宝宝的成长过程中，饮食会出现各种各样的问题，妈妈要针对自己宝宝的具体情况，积极解决。

## 宝宝怎么吃才能营养均衡

很多家长听说，宝宝每天要吃十几种食物才好。妈妈不禁感觉到压力很大。其实，营养均衡的饮食来源于食物的多样化，但十几种食物不代表十几道菜。给宝宝添加辅食前，家长要先了解各种营养的主要来源，在此基础上为宝宝制作营养丰富的食物。

## 宝宝口臭是消化不良吗

宝宝早晨起来后，口腔里会有异味。家长要注意宝宝的大便是否有食物的残渣。如果有，那么宝宝可能是消化不良。在辅食添加后期，宝宝吃的食物过多、过杂，对肠胃造成了一定影响。

在饮食上，家长多给宝宝准备面条、粥、馒头、花卷等食物，既好消化又养胃；宝宝吃完甜食、牛奶都要漱口，以免口腔细菌滋生，出现异味；睡觉前别给宝宝吃东西，如果吃了，要记得让宝宝刷刷牙。

## 餐桌上宝宝总是说个不停要禁止吗

在我们国家的大多数家庭中，吃饭时爱说话的宝宝常常被"禁止"或"训斥"。但从宝宝的角度来看，吃饭时爸爸妈妈都在身边，桌上又有他喜欢吃的东西，宝宝自然会非常兴奋。宝宝一兴奋就自然而然地想说话，如果在宝宝谈性正浓的时候，厉声训斥"不要说话"，这样会对启发宝宝的智力产生负面影响，压抑他的表达欲望。

聪明又善解人意的父母，应该在餐桌上多多启发宝宝"问这问那"，让宝宝自由自在地把心里话畅快地表达出来。当然，在宝宝喝汤或嘴里正嚼食物时，要提醒他咽下食物后再说话，这样就不会使食物误入气管。

### 医生妈妈小叮嘱

* 营养均衡并不意味着一餐要吃十几道菜，而是要保持食物的多样化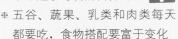
* 不必追求每餐的营养均衡
* 五谷、蔬果、乳类和肉类每天都要吃，食物搭配要富于变化
* 消化不良的宝宝，大便会有食物残渣
* 勤漱口、勤刷牙可避免宝宝口臭
* 不要制止宝宝在餐桌上的发言，应鼓励他勇敢地表达，当然要提醒他在嘴里没有食物的时候说话

吃饭时，宝宝说个不停，你该怎么办

严厉制止并训斥，这样会打击宝宝说话的欲望，对启发智力不利。

和宝宝对话，鼓励他发问，这样才能让宝宝锻炼出更好的表达能力。

## 宝宝便秘怎么办

便秘与肠道功能状况和膳食纤维摄入有关。肠道功能良好时肠道菌群通常占据优势，而过度的清洁，会减少环境中的细菌，从而影响肠道菌群的建立和维护。所以，不要过分使用消毒剂。在饮食方面，要注意让宝宝摄入足量的膳食纤维。笋、红薯、芹菜、香蕉、苹果等新鲜蔬菜瓜果的膳食纤维含量非常高，可适量进食。如果是服用钙剂后出现便秘，说明钙质吸收不良，从而导致了"钙皂"的形成。钙皂是导致便秘的主要原因。通常饮食结构合理是不需要额外补充钙剂的。

## 宝宝吃撑了怎么办

宝宝遇到自己喜欢的食物，难免多吃一点。如果和宝宝平时的摄入量接近，就没什么问题；如果差异较大，就要小心。如果宝宝吃撑了，但没有哭闹、呕吐、腹泻等，要适当减少下一次辅食的量，并延后下一次辅食添加的时间，给宝宝足够的时间来消化。如果宝宝有哭闹、呕吐、腹泻等反应，要及时就医。妈妈不仅要安抚宝宝的情绪，还要注意自己的情绪不要影响到宝宝，让他感觉到不安。

## 宝宝一吃东西就打饱嗝是什么原因

偶尔打嗝是吃多了，消化不了。这时候可以让宝宝先饿一顿，等他饿了再添加辅食，并以味道清淡、容易消化为原则。还有一个小方法，家长可以将双手手心搓热，顺时针给宝宝揉揉肚子，有助于促进消化。如果连续几天，宝宝一吃东西就打饱嗝，舌苔比较厚，面颊发红，大便干且味道臭，说明宝宝积食了，应该直接就医，寻求医生的指导及帮助。

### 宝贝吃辅食

团团偶尔便秘，只要每天给她吃 1 根香蕉，就会正常。一次她又便秘了，她竟然说："妈妈，你忘记给我吃香蕉了！"

### 医生妈妈小叮嘱

* 便秘的宝宝要多吃蔬菜水果，避免吃坚硬、油腻等不易消化的食物
* 过度清洁和不注意卫生一样不利于宝宝的健康
* 过量补钙也会造成便秘
* 控制宝宝的进食量，避免宝宝吃撑
* 宝宝不舒服时，妈妈要避免自己的紧张情绪影响到宝宝
* 一吃东西就打饱嗝要留意是否是积食了
* 按摩肚子可帮助消化

**喝热水缓解打嗝**
宝宝如果打嗝了，可以喝一些热水来缓解。

## 附录：母乳变出来的营养辅食

妈妈在费尽心思地给宝宝做营养辅食时，别忘了最有营养的母乳。宝宝喝不完的"库存奶水"可以当作最营养的添加剂，这无疑使宝宝的健康多了一重保障。不过母乳做成的辅食不可保存时间太长，最好能让宝宝一次性吃完。

### 母乳菠菜泥

**原料：母乳 20 毫升，菠菜 45 克。**

1 将菠菜洗净，放入沸水中焯烫至熟，然后迅速捞起，待凉后切碎。

2 加入母乳，食用时用汤匙搅匀。

### 母乳蛋黄

**原料：母乳 30 毫升，鸡蛋 1 个。**

1 把鸡蛋煮熟，放凉后去壳、去蛋清。

2 把剩下的蛋黄放入小碗中，加入母乳，食用时用汤匙捣碎。

### 母乳布丁

**原料: 母乳 40 毫升, 鸡蛋 1 个。**

1 鸡蛋打入碗中, 取蛋黄, 加入母乳搅匀。

2 将母乳蛋黄液放入蒸锅中, 大火将水煮沸后, 转小火蒸 10 分钟左右。

### 母乳红薯球

**原料: 母乳 30 毫升, 红薯 100 克。**

1 将红薯洗净, 放入蒸锅中蒸熟, 晾凉。

2 将蒸熟的红薯挖成球形, 加入母乳, 食用时用汤匙捣碎。

### 母乳鸡蓉玉米浓汤

**原料: 母乳 30 毫升, 玉米酱 50 毫升, 鸡肉 20 克。**

1 鸡肉煮熟后撕成细丝, 剁成蓉备用。

2 锅中加适量水煮沸, 放入玉米酱、鸡肉煮至熟烂。

3 食用时加入母乳即可。

## 母乳苹果红薯泥

**原料：母乳 50 毫升，红薯 40 克，苹果半个，葡萄干适量。**

**1** 先将红薯洗净，放入笼屉蒸熟，待凉。

**2** 将苹果去皮，切薄片煮软；葡萄干用水泡软，切碎。

**3** 将所有食材用汤匙捣烂，搅拌均匀，再加入母乳调成合适的稀稠度即可。

## 母乳鸡肉面糊

**原料：母乳 50 毫升，面粉 50 克，鸡肉、胡萝卜各 20 克。**

**1** 将鸡肉煮熟后切成薄片；胡萝卜洗净，切片，放入水中煮软。

**2** 面粉与母乳调成糊，徐徐倒入开水锅中，微火加热至浓稠状。

**3** 将鸡肉与胡萝卜拌入，晾温后即可给宝宝食用。

## 母乳面包布丁

**原料：母乳 50 毫升，面包 1 块，葡萄干 10 克，藕粉 20 克。**

1 将面包放入烤箱中烤至微硬，切丁备用。

2 藕粉加入母乳调匀，倒入锅中用小火加热至黏稠状。

3 葡萄干泡软切碎，与面包丁一起加入藕粉糊中搅拌均匀即可食用。

## 母乳稀饭

**原料：母乳 30 毫升，米饭 50 克，胡萝卜、豌豆各 20 克。**

1 将胡萝卜、豌豆入沸水中焯熟，胡萝卜晾凉后剁碎。

2 米饭中加适量水煮成稠粥状，熄火时加入母乳拌匀。

3 最后加入胡萝卜碎、豌豆即成。

## 母乳虾仁炒蛋

**原料：母乳 10 毫升，鸡蛋 1 个，虾仁、西蓝花各 10 克，玉米油适量。**

1 鸡蛋打散，加入母乳搅匀。

2 虾仁入沸水中煮熟备用；西蓝花洗净，掰成小朵，入沸水中煮软。

3 锅中加少许玉米油，将母乳蛋液翻炒至熟，放入虾仁、西蓝花略微翻炒一下，出锅即可。

图书在版编目 (CIP) 数据

Hello 宝宝辅食 / 刘岩主编 . -- 南京：江苏凤凰科学
技术出版社，2016.3（2017.6 重印）
（汉竹·亲亲乐读系列）
ISBN 978−7−5537−5669−1

Ⅰ . ① H… Ⅱ . ① 刘 … Ⅲ . ① 婴 幼 儿 − 食 谱
Ⅳ . ① TS972.162

中国版本图书馆 CIP 数据核字 (2015) 第 265664 号

中国健康生活图书实力品牌

**Hello 宝宝辅食**

| | | |
|---|---|---|
| 主　　　编 | 刘　岩 | |
| 编　　著 | 汉　竹 | |
| 责 任 编 辑 | 刘玉锋　张晓凤 | |
| 特 邀 编 辑 | 魏　娟　曹　静　张　瑜　张　欢 | |
| 责 任 校 对 | 郝慧华 | |
| 责 任 监 制 | 曹叶平　方　晨 | |

| | |
|---|---|
| 出 版 发 行 | 江苏凤凰科学技术出版社 |
| 出版社地址 | 南京市湖南路 1 号 A 楼，邮编：210009 |
| 出版社网址 | http://www.pspress.cn |
| 印　　　刷 | 北京博海升彩色印刷有限公司 |

| | |
|---|---|
| 开　　　本 | 715 mm×868 mm　1/12 |
| 印　　　张 | 16 |
| 字　　　数 | 80 000 |
| 版　　　次 | 2016 年 3 月第 1 版 |
| 印　　　次 | 2017 年 6 月第 2 次印刷 |

| | |
|---|---|
| 标 准 书 号 | ISBN 978−7−5537−5669−1 |
| 定　　　价 | 42.00 元（附赠：《宝宝小病小痛食疗餐》小册子） |

图书如有印装质量问题，可向我社出版科调换。

# 宝宝小病小痛
# 食疗餐
## 小册子

《Hello 宝宝辅食》赠品

江苏凤凰科学技术出版社 | 凤凰汉竹
全国百佳图书出版单位

# 前 言

　　婴幼儿时期宝宝身体的各部分器官功能
还不太完善，免疫力也比较低，容易发生疾病。适
当地采用食疗，在宝宝品尝美食的同时，就能达到
防治疾病、促进健康的目的。在一些急性病治疗期间，
食疗也是一种不错的辅助治疗方法。针对宝宝常见
的小病小痛，我们介绍了一些对症食疗餐，希望能
给新手爸妈一些有益的参考。

# 目录

## 宝宝常见疾病调养与食疗

## 宝宝常见异常调养与食疗

# 宝宝常见疾病调养与食疗

## 感冒

感冒是宝宝最常见的一种病症。具体来看，感冒可以分为风寒感冒、风热感冒和暑热感冒，每种感冒的起因和表现也是不同的。

### 饮食调养

风寒感冒——动物肝脏中含有多种维生素，这些维生素能增强身体的抵抗力，预防风寒感冒，平时可以让体弱的宝宝多吃些肝脏类食物。

风热感冒——锌元素能直接抑制病毒增殖，特别是增强吞噬病毒细胞的功能。海产品和家禽肉类含锌较为丰富。

暑热感冒——患病的宝宝宜多喝绿豆汤、西瓜汁等具有清热去火作用的食物。

### 辅助食疗

**大米葱白粥**
（适合 1 岁以上宝宝食用）

**原料：** 大米 50 克，葱白 3 段。

**做法：** ❶ 将大米洗净加水，熬煮至八成熟。❷ 放入葱白段，同煮至熟即可。

**梨粥**
（适合 1 岁以上的宝宝食用）

**原料：** 鸭梨 1 个，大米 100 克。

**做法：** ❶ 鸭梨洗净，去核，切厚片。❷ 大米洗净，放入锅中煮至八成熟，加入梨片继续熬煮至熟。

## 芥菜豆腐汤

（适合 2 岁以上宝宝食用）

**原料：** 芥菜 100 克，豆腐 50 克，猪肉末 20 克，葱段、盐各适量。

**做法：** ① 芥菜洗净，切段；豆腐切块。② 将芥菜、豆腐、猪肉末放入锅中，加葱段、适量清水煮熟，最后加盐调味，趁热饮汤。

## 黄瓜蜜条

（适合 2 岁以上宝宝食用）

**原料：** 黄瓜 150 克，冰糖适量。

**做法：** ① 将黄瓜洗净，去蒂，切条，放入锅内，加适量水，中火煮沸。② 最后加入冰糖稍煮即成。

## 苦瓜粥

（适合 1 岁以上的宝宝食用）

**原料：** 苦瓜 80 克，大米 100 克，冰糖 20 克。

**做法：** ① 苦瓜洗净，去瓤，切小块；大米淘净，将大米、苦瓜放入锅中，加适量清水，熬煮成粥。② 加入冰糖稍煮即可。

# 发热

发热是宝宝十分常见的一种症状。正常宝宝体温为 36~37℃，如超过 37.4℃可认为是发热。在多数情况下，发热是一种保护性反应，但发热过高或长期发热可使机体各种调节功能受累，从而影响宝宝的身体健康。

**饮食调养**

宝宝发热时，新陈代谢会大大加快，其营养物质和水的消耗将大大增加。而此时消化液的分泌却大大减少，消化能力也大大减弱，胃肠的蠕动速度开始减慢。所以对于发热的宝宝，一定要给予充足的水分，补充大量的矿物质和维生素，供给适量的热能和蛋白质，一定要以流质和半流质饮食为主，提倡少吃多餐。

**辅助食疗**

## 金银花米汤
（适合 6 个月以上的宝宝食用）

**原料：**大米 50 克，金银花 15 克。

**做法：** ❶ 大米淘洗干净，浸泡 30 分钟；金银花洗净。❷ 大米入锅，加适量水，煮 20 分钟后，加金银花同煮，10 分钟后关火即可。

## 西瓜皮芦根饮
（适合 1 岁以上的宝宝食用）

**原料：**西瓜皮 50 克，芦根 30 克，冰糖适量。

**做法：** ❶ 芦根洗净；西瓜皮洗净，切成块。❷ 芦根煮水放冰糖，晾凉；西瓜皮放入芦根水中，冷藏即可食用。

## 绿豆凉粥

（适合 1 岁以上的宝宝食用）

**原料**：绿豆、大米各 30 克，苦瓜、薏米各 20 克。

**做法**：❶ 将绿豆、苦瓜、薏米、大米分别洗净。❷ 以上材料一同放入锅中煮粥，放凉后给宝宝食用。

## 荸荠西瓜汁

（适合 1 岁半以上的宝宝食用）

**原料**：西瓜 100 克，荸荠 3 个。

**做法**：❶ 先将西瓜瓤去子，切块；荸荠洗净削皮，切块。❷ 将西瓜块、荸荠块放入榨汁机中，榨汁即可。

## 凉拌西瓜皮

（适合 2 岁半以上的宝宝食用）

**原料**：西瓜皮 100 克，盐、醋、白糖、红甜椒各适量。

**做法**：❶ 西瓜皮削去外面的翠衣，洗干净后放容器中，加盐、白糖拌匀，腌制 1 小时左右。❷ 将腌软的西瓜皮切成丁，用水略漂洗，放入碗中。❸ 将适量醋淋在西瓜皮上，可加适量红甜椒调味，拌匀即可。

# 咳嗽

咳嗽是宝宝最常见的一种呼吸道疾病，如果不能及时得到治疗，可能会引发宝宝支气管炎、肺炎等。咳嗽一年四季都可发生，但以冬春季节最为多见。

## 饮食调养

咳嗽时急速气流从呼吸道中带走水分，造成黏膜缺水，应注意给宝宝多喝水、多吃水果；少吃辛辣甘甜食品，辛辣甘甜食品会加重宝宝咳嗽症状。很多家长喜欢给宝宝煮冰糖梨水，如果冰糖放得过多，不但不能起到止咳作用，反而会因过甜使宝宝咳嗽加重。

## 辅助食疗

### 萝卜冰糖饮
（适合1岁以上的宝宝食用）

**原料：** 白萝卜1个，冰糖20克。

**做法：** ❶ 白萝卜洗净，捣烂，取汁25毫升。❷ 加入冰糖调匀即可。

### 川贝炖梨
（适合1岁以上的宝宝食用）

**原料：** 梨1个，冰糖3粒，川贝6粒。

**做法：** ❶ 川贝敲碎成末。❷ 将梨去皮，切块，和冰糖、川贝一起加水炖煮。❸ 熟后分两次给宝宝吃。

## 烤橘子
（适合 1 岁半以上的宝宝食用）

**原料：** 橘子 1 个。

**做法：** ❶ 将橘子直接放在小火上烤，并不断翻动，烤到橘皮发黑，并从橘子里冒出热气即可。❷ 待橘子稍凉一会儿，剥去橘皮，让宝宝吃温热的橘瓣。如果是大橘子，宝宝一次吃两三瓣就可以了，如果是小贡桔，宝宝一次可以吃一个。

## 荸荠水
（适合 1 岁半以上的宝宝食用）

**原料：** 荸荠 3 个。

**做法：** ❶ 荸荠洗净去皮，切成薄片。❷ 将荸荠片放入锅中，加适量水，煮 5 分钟，过滤出汁液喝。

## 萝卜葱白汤
（适合 7 个月以上的宝宝食用）

**原料：** 白萝卜半根，葱白 1 段，姜15 克。

**做法：** ❶ 白萝卜洗净，切丝；葱白洗净，切丝；姜洗净，切丝。❷ 锅内放入 3 碗水先将白萝卜煮熟，再放入葱白丝、姜丝，煮至剩 1 碗水即可。

# 便秘

便秘是经常困扰父母的儿童常见病症之一。宝宝大便干硬,排便时哭闹费力,次数比平时明显减少,有时两三天甚至六七天排便一次。便秘的发生常常是由消化不良或脾胃虚弱所引起的。过多地食用鱼、肉、蛋类,缺少谷物、蔬菜等食物的摄入也是导致便秘的一个重要原因。

### 饮食调养

为了防止宝宝便秘,要让宝宝多吃富含膳食纤维的蔬菜和水果,以刺激肠道蠕动。同时要注意多给宝宝饮水,清晨起床后,给宝宝饮 1 杯温开水,可以促进肠道蠕动,有助于缓解便秘。

### 辅助食疗

## 葱蜜奶
(适合 2 岁以上宝宝食用)

**原料:** 牛奶 100 毫升,蜂蜜 20 克,葱汁 4 毫升。

**做法:** ❶ 将牛奶、蜂蜜、葱汁搅匀。
❷ 放入锅中,小火煮沸,晾温后加入蜂蜜即可饮用。

## 土豆汁
(适合 3 岁左右宝宝食用)

**原料:** 土豆 80 克,蜂蜜适量。

**做法:** ❶ 将土豆洗净,捣烂取汁。
❷ 煮至黏稠,晾温后加入蜂蜜。

## 芝麻杏仁糊
（适合 1 岁以上的宝宝食用）

**原料：**芝麻、大米各 50 克，甜杏仁 30 克，当归 10 克，白糖适量。

**做法：** ❶ 将芝麻、大米和甜杏仁浸水后磨成糊状备用。❷ 当归水煎取汁，调入米糊、白糖，煮熟食用。

## 蔗汁蜂蜜粥
（适合 1 岁以上的宝宝食用）

**原料：**甘蔗汁 100 毫升，蜂蜜 50 毫升，大米 50 克。

**做法：** ❶ 将大米煮粥，待大米熟后调入甘蔗汁。❷ 再煮沸，晾温后调入蜂蜜即可食用。

## 虾皮粉丝胡萝卜汤
（适合 2 岁以上的宝宝食用）

**原料：**虾皮、粉丝、胡萝卜各 50 克，香菜、葱丝、姜丝、鸡汤、盐各适量。

**做法：** ❶ 胡萝卜洗净，切成丝；粉丝加开水烫软至熟；香菜择洗干净，切段。❷ 油锅烧热，放入葱丝、姜丝炝锅，下入虾皮、胡萝卜丝同炒，倒入鸡汤，加入粉丝稍煮，调入盐，撒上香菜段。

# 百日咳

百日咳是宝宝常见的呼吸道传染病之一。生病的宝宝常有阵发性痉挛咳嗽,咳后有鸡鸣样的回声,最后会倾吐痰沫。此病四季都可发生,尤其在冬春季节多见。得了百日咳的宝宝会因营养不良、抗病力下降,并发肺炎、脑炎等病症。

## 饮食调养

得病的宝宝通常胃口不佳,所以应该选择营养高、易消化、较清淡的食物,少量多次地给宝宝喂食,以保证营养的摄取。

## 辅助食疗

### 太子参黄芪鸽蛋汤
(适合1岁以上的宝宝食用)

**原料:** 太子参、黄芪各15克,鸽蛋3个。

**做法:** ① 太子参、黄芪用水煎煮。② 鸽蛋煮熟,剥去外壳。③ 取药汁煮鸽蛋5分钟,然后喝汤吃鸽蛋。

### 雪梨豆浆
(适合1岁半以上的宝宝食用)

**原料:** 黑豆40克,大米30克,雪梨1个,蜂蜜适量。

**做法:** ① 黑豆泡至发软后,捞出洗净。② 大米淘洗干净;雪梨洗净,去蒂,去核,切碎。③ 将所有材料放入豆浆机中,加水制作成豆浆,过滤,晾温后加蜂蜜调味即可。

# 腹泻

腹泻是婴幼儿最常见的多发性疾病,有生理性腹泻、胃肠道功能紊乱导致的腹泻、感染性腹泻等。其中感染性腹泻的病原有细菌、病毒、真菌等。从治疗角度讲,对于非感染性腹泻,要以饮食调养为主。对于感染性腹泻,则要在药物治疗的基础上进行辅助食疗。

## 饮食调养

应进食无膳食纤维、低脂肪的食物,可使宝宝的肠道减少蠕动,同时又要进食营养成分容易被吸收的食物,所以患病宝宝的膳食应以软、烂、温、淡为原则。

## 辅助食疗

### 山楂粥
(适合1岁以上的宝宝食用)

**原料:**山楂20克,大米30克,冰糖5克。

**做法:** ❶ 大米洗净沥干,山楂洗净。❷ 锅中加8杯水煮开,放入山楂、大米续煮至滚时稍微搅拌,改中小火熬煮30分钟,最后加入冰糖煮溶即成。

### 香甜糯米饭
(适合1岁半以上的宝宝食用)

**原料:**大米、豌豆各15克,栗子20克,香菇、胡萝卜、糯米各10克。

**做法:** ❶ 豌豆煮好后切碎;栗子去皮切丁。❷ 香菇去蒂剁碎;胡萝卜去皮,切成丝。❸ 大米、糯米、豌豆、栗子下锅煮成饭。❹ 香菇、胡萝卜煸炒后,将做好的饭倒入搅匀。

# 鼻出血

鼻出血是儿童的易发病，这是因为宝宝鼻黏膜血管丰富，黏膜较为脆嫩所致。春季空气中水分少，鼻黏膜干燥也容易出血，而其他疾病也会导致鼻出血，如果经常出现鼻出血，应积极就医，找出病因，治疗原发病。出血发生时，要立即止血，以免出血过多。除此之外食疗也可以起到辅助作用。

**饮食调养**

发生过鼻出血的宝宝，不要多吃煎炸、辛辣、肥腻，以及虾、蟹、公鸡等食物。

妈妈在平时要给宝宝多吃新鲜蔬菜和水果，并注意让宝宝多喝水以补充水分。

## 辅助食疗

### 豆腐苦瓜汤
（适合 2 岁以上的宝宝食用）

**原料**：豆腐 100 克，苦瓜 50 克，盐适量。

**做法**：❶ 豆腐切成块，苦瓜洗净，切成条。❷ 砂锅加适量水，加豆腐、苦瓜，用大小火交替煲 2 小时，至瓜烂、豆腐熟，再加入适量盐调味即可。

### 牛奶水果丁
（适合 1 岁以上的宝宝食用）

**原料**：牛奶 200 毫升，苹果丁、梨丁、桃丁、猕猴桃丁各适量。

**做法**：❶ 牛奶加热，将热牛奶冲入水果丁。❷ 用勺把热牛奶泡过的香喷喷的水果丁捞给宝宝吃，吃完水果丁，剩下的就是一杯好喝的果奶。

# 贫血

贫血是婴幼儿时期常见的一种疾病。患病宝宝的突出表现是皮肤、黏膜苍白，并可出现心跳过快、呼吸加速，食欲减退、恶心、腹胀，精神不振等症状。病程较长的宝宝还可能会出现易疲倦，毛发干枯，营养低下，体格发育迟缓等现象。

**饮食调养**

给宝宝增加动物的肝脏、瘦肉、鱼肉、蛋黄等含铁量高且易吸收的辅食，多让宝宝吃富含维生素 C 的食物，可以促进铁的吸收利用。还要提倡用铁质炊具，如铁锅、铁铲来烹调食物，有助于促进铁元素的吸收。

## 辅助食疗

### 枣泥肝羹
（适合 1 岁以上的宝宝食用）

**原料：** 红枣 6 颗，猪肝 50 克，西红柿 1/2 个，盐适量。

**做法：** ❶ 红枣用清水浸泡 1 小时，去皮及内核，将枣肉剁碎。❷ 西红柿去皮剁成泥。❸ 猪肝用搅拌机打碎。❹ 将所有食材混合拌在一起，加适量水，上锅蒸熟即可。

### 鸡肝芝麻粥
（适合 1 岁以上的宝宝食用）

**原料：** 鸡肝 15 克，大米 50 克，酱油、熟芝麻、鸡架汤各适量。

**做法：** ❶ 鸡肝焯去血水，再换水煮 10 分钟后捞起，研碎。❷ 将鸡架汤放入锅内，加入研碎的鸡肝，煮成糊状。❸ 大米煮成粥后，将鸡肝糊加入，再放适量酱油和熟芝麻，搅匀即可。

# 小儿湿疹

　　小儿湿疹，俗称"奶癣"，其发病原因复杂，是一种过敏性皮肤病。婴幼儿阶段的宝宝，皮肤发育尚不健全，最外层表皮的角质层很薄，毛细血管网丰富，因此容易发生过敏反应。

## 饮食调养

　　宝宝的食物中要有丰富的维生素、矿物质和水，而碳水化合物和脂肪要适量，少吃盐，以免体内积液太多。母乳喂养的宝宝如果患了湿疹，哺乳妈妈还需要暂停吃那些易导致过敏的食物。

## 辅助食疗

### 玉米汤
（适合 1 岁以上的宝宝食用）

**原料**：玉米须 15 克，玉米粒 30 克，冰糖适量。

**做法**：❶ 玉米须、玉米粒洗净，放入锅中，加入适量清水，炖煮至熟。❷ 加冰糖稍煮取汁即可。

### 豆腐菊花羹
（适合 1 岁以上的宝宝食用）

**原料**：豆腐 100 克，野菊花 10 克，蒲公英 15 克，盐适量。

**做法**：❶ 野菊花、蒲公英煎煮取汁约 200 毫升。❷ 豆腐切小丁，加入蒲公英药液中，炖煮至熟，最后用盐调味即可。

# 荨麻疹

荨麻疹是一种常见的儿科过敏性皮肤病，也就是俗话说的"风疹"。发病时，宝宝的皮肤上出现很多形状不同、大小不一、红色隆起、中间呈白色的疹子，患病部位会发生剧痒。疹子出现后，24 小时内会自动消失，由于剧痒，宝宝往往会因为过度抓挠，造成皮肤表皮破损而引起继发性皮肤感染。

## 饮食调养

多给宝宝吃碱性的食物，如葡萄、海带、西红柿、芝麻、黄瓜、胡萝卜、香蕉、苹果、橘子、萝卜、绿豆、薏米等，有助于减少荨麻疹的发病率。

## 辅助食疗

### 牛肉南瓜条
（适合 2 岁以上的宝宝食用）

**原料：** 牛肉 100 克，南瓜 200 克。

**做法：** ❶ 牛肉炖至七成熟，捞出切条。❷ 南瓜去皮、瓤，洗净切条，与牛肉同炒熟即可。

### 冬瓜芥菜汤
（适合 1 岁半以上的宝宝食用）

**原料：** 冬瓜 200 克，芥菜、白菜根各 30 克，香菜 5 棵，红糖适量。

**做法：** ❶ 所有材料入水煎。❷ 熟时加适量红糖调匀即可饮汤服用。

# 长痱子

痱子多生于脸面及皮肤皱褶处，夏季多见，表现为针尖大小的圆或尖形红色丘疹，有时疹顶部有微疱，称为汗疱疹。宝宝长痱子后瘙痒明显，烦躁不安，常用手去抓，一般数天或一两周后可消退。但是如果受到感染，就会变成痱毒。

## 饮食调养

宝宝长痱子后应注意均衡饮食，给他吃些清淡、易消化的食物，多吃蔬菜水果，以及适量喝清凉汤粥，如多吃青菜和西瓜，多喝绿豆汤。饮食还应注意适量，不要吃得过多，以免引起出汗，使痱子症状加重。

## 辅助食疗

### 三豆汤
（适合 1 岁以上的宝宝食用）

**原料：** 绿豆、红豆、黑豆各 10 克。

**做法：** ❶ 所有豆子下锅，加水 600 毫升。❷ 小火煎熬成 300 毫升，连豆带汤喝下即可，宜常服。

### 荷叶绿豆汤
（适合 6 个月以上的宝宝食用）

**原料：** 鲜荷叶 1 张，绿豆 30 克。

**做法：** ❶ 将绿豆洗净，鲜荷叶洗净切碎。❷ 绿豆、荷叶同放入砂锅中加水煮到绿豆开花，晾凉后取汤饮用。

# 鹅口疮

　　鹅口疮是一种由真菌(白色念珠菌)引起的口腔黏膜感染性疾病。宝宝口腔布满白色物质,形状如"鹅口",因此叫"鹅口疮"。宝宝患这种病,主要是乳母的乳头、宝宝的食具不卫生,使真菌侵入口腔黏膜导致的。长期服用抗生素的宝宝,也容易患此病。中医认为,先天胎热内蕴、口腔不洁是引发此病的原因。

## 饮食调养

　　哺乳妈妈要经常清洁乳头,注意奶具的消毒,宝宝用过的其他物品也要经常清洗或消毒。

## 辅助食疗

### 莲子炖冰糖
(适合 2 岁以上的宝宝食用)

**原料:** 莲子 12 个,冰糖 25 克。

**做法:** ❶ 将莲子放在小碗内加水泡发后,去芯,再加冰糖,隔水蒸炖 1 小时,即可喝汤吃莲子肉。❷ 吃莲子前可用小勺将其碾碎。

### 藕节冬瓜豆腐汤
(适合 2 岁以上的宝宝食用)

**原料:** 鲜藕节 50 克,冬瓜、豆腐各 100 克,盐适量。

**做法:** ❶ 鲜藕节洗净,刮皮,切块。
❷ 冬瓜去皮、瓤,切块;豆腐切块。
❸ 将所有食材放入锅中炖煮至熟,加盐调味。

# 手足口病

　　手足口病主要的临床表现为发热及口腔、手足部位疱疹，多见于5岁以下的儿童，主要是由飞沫经呼吸道或是通过被污染的玩具传播。轻度手足口病于3~5天后可自愈，一般不会留下疤痕。严重者，会引起其他并发症，甚至可能危及生命。

## 饮食调养

　　患了手足口病，宝宝因发热、口腔疱疹，胃口较差，不愿进食，宜给宝宝吃清淡、温性、可口、易消化、柔软的流质或半流质食物。由于口腔内出现疱疹，妈妈可以将松软面包、蛋糕浸泡牛奶后喂食宝宝。

## 辅助食疗

### 黄芪薏米绿豆粥
（适合2岁以上的宝宝食用）

**原料：** 黄芪15克，薏米、绿豆各10克。

**做法：** ❶ 黄芪洗净，加入清水中煮沸，转小火煎煮取汁。❷ 将薏米、绿豆洗净，另起锅加适量清水，再加入煎煮的黄芪汁液，熬煮成粥即可。

### 绿豆丝瓜粥
（适合1岁半以上的宝宝食用）

**原料：** 绿豆、大米各50克，丝瓜150克，白糖适量。

**做法：** ❶ 将丝瓜洗净切片。❷ 绿豆、大米洗净，先将绿豆放入锅中，加适量清水煮至绿豆开花后，再下大米煮粥。❸ 待粥熟时放入丝瓜片、白糖，再煮沸两三次即可。

# 佝偻病

佝偻病也就是人们常说的"软骨病"，是婴幼儿常见的一种慢性营养缺乏病。它是由于体内维生素 D 不足引起的全身钙、磷代谢失常，使钙、磷不能正常沉着在骨骼的生长部分，严重的可能发生骨骼畸形。

## 饮食调养

宝宝每天在室外活动 2 个小时以上，体内的 7- 脱氢胆固醇就会在紫外线的照射下转化为具有活性的维生素 D。同时要及时、合理地添加如蛋黄、猪肝、豆制品和蔬菜等辅食，也能增加维生素 D 的摄入量。

## 辅助食疗

### 栗子糕
（适合 1 岁半以上的宝宝食用）

**原料：**栗子100克,白糖、糖桂花各适量。

**做法：** ❶ 栗子洗净放锅中煮熟，晾凉后去外皮。❷ 将栗子捣成泥，加白糖、糖桂花。❸ 隔着布搓成栗子面，擀成长方形片，在表面撒上一层糖，压平切齐，再切成块，码在盘中即可。

### 虾皮豆腐汤
（适合 1 岁以上的宝宝食用）

**原料：**虾皮20克,豆腐50克,盐适量。

**做法：** ❶ 虾皮洗净，用温水浸泡；豆腐切小块。❷ 虾皮加水煮沸，放入豆腐块，煮沸 10 分钟，最后加盐调味即可。

# 小儿惊厥

　　小儿惊厥是婴幼儿常见病症之一，以肢体抽搐、两目上视和意识不清为病症。临床上的小儿惊厥分为急惊、慢惊两种。急惊往往高热39℃以上，面红气急，躁动不安，继而出现神志昏迷，两目上视，牙关紧闭，四肢抽搐等。慢惊表现为嗜睡无神，两手握拳，抽搐无力，时作时止，有时会在沉睡中突发痉挛。

## 饮食调养

　　某种营养成分缺乏或过多会引发宝宝惊厥，比如因为过量喂食鱼肝油所致的维生素 A 中毒，因为缺乏维生素 D 影响钙吸收所致的低血钙症、低血糖症等。正在发热期的宝宝要多吃瓜果，多喝水和菜汤。

## 辅助食疗

### 桑葚粥
（适合 1 岁以上的宝宝食用）

**原料：** 新鲜桑葚 30 克，糯米（或大米）50 克，冰糖适量。

**做法：** ❶ 将糯米放入锅中煮至六成熟时加入桑葚。❷ 煮至米将软烂时加入冰糖即可。

### 冬瓜荷叶汤
（适合 1 岁以上的宝宝食用）

**原料：** 冬瓜 200 克，荷叶、盐各适量。

**做法：** ❶ 冬瓜洗净，去皮切块，荷叶切碎，与冬瓜块加水煮汤。❷ 汤成去荷叶加盐调味即可。

# 小儿哮喘

小儿哮喘是呼吸道变态反应性疾病，以反复发作性呼吸困难伴喘鸣音为特征。哮喘的主要症状是咳嗽、气急、喘憋、呼吸困难，常在夜间与清晨发作，2 岁以下的宝宝往往同时患有湿疹或其他过敏症，起病可缓可急，缓者轻咳、打喷嚏和鼻塞，逐渐出现呼吸困难；急者一开始即有呼吸困难，气促鼻翼翕动，严重时可出现缺氧，口唇发绀，伴有咳嗽及泡沫痰，并可能危及生命。

## 饮食调养

患病宝宝应该多吃些富含蛋白质、维生素、微量元素的食物，如瘦肉、禽蛋以及新鲜蔬菜、水果、坚果等。

## 辅助食疗

### 蒸柚子鸡
（适合 2 岁以上的宝宝食用）

**原料：**柚子 1 个，子鸡 1 只。

**做法：** ❶ 子鸡宰杀，洗净切块。❷ 切开柚子顶盖，去瓤，将鸡块塞入柚子内，隔水蒸 3 小时左右，即可让宝宝吃肉喝汤。

### 冰糖蜜西瓜
（适合 1 岁以上的宝宝食用）

**原料：**西瓜 100 克，蜂蜜、冰糖各 20 克。

**做法：** ❶ 西瓜取瓜瓤备用。❷ 将冰糖砸碎，与西瓜瓤放入碗内，加盖蒸 1 小时后取出，晾温后加入蜂蜜。

# 小儿腮腺炎

　　小儿腮腺炎，俗称"痄腮"，主要症状是发热、耳下腮部肿胀疼痛。得病宝宝一般会先肿胀一侧的腮，1~4日后波及另一侧；也有两侧同时肿大的，耳垂处是红肿的中心，表面发热不红，局部胀痛，以手触之有弹性，无波动。

## 饮食调养

　　患病宝宝的饮食宜清淡，并且要吃些便于咀嚼吞咽的流质食物，如米汤、藕粉、蔬菜汁、牛奶、蛋花汤、豆浆等，还可以多喝一些新鲜的果汁，补充身体所需的各种维生素，如西瓜汁、梨汁、甘蔗汁等。

## 辅助食疗

### 黄花菜粥
（适合2岁以上的宝宝食用）

**原料**：干黄花菜20克，大米50克。

**做法**：❶ 将干黄花菜加适量水煎煮取汁。❷ 黄花菜汁中加入大米煮粥。

### 金银花薄荷饮
（适合9个月以上的宝宝食用）

**原料**：金银花、冰糖各15克，薄荷10克，黄芩3克。

**做法**：❶ 金银花、薄荷、黄芩加适量水同煎取汁。❷ 最后加冰糖调味。

# 扁桃体炎

扁桃体炎是儿童的常见病、多发病。急性扁桃体炎发病较急，主要症状有恶寒、发热、全身不适、扁桃体红肿、吞咽困难且疼痛等。慢性扁桃体炎症状较轻，患儿常感到咽喉部不适，有轻度梗阻感，有时影响吞咽和呼吸。

## 饮食调养

患病宝宝的饮食要清淡，吃容易消化的食物，采取少吃多餐的方式进餐。宝宝可吃乳类、豆制品、蛋类等高蛋白食物，适当多吃富含维生素 C 的食物。保持口腔清洁，吃东西后要漱口。不要给患病的宝宝吃油腻、黏稠和辛辣刺激的食物，也要少喝冷饮。

## 辅助食疗

### 萝卜甘蔗汁
（适合 1 岁以上的宝宝食用）

**原料：** 白萝卜、甘蔗、冰糖各适量。

**做法：** ❶ 白萝卜、甘蔗分别榨汁备用。❷ 每次用白萝卜汁 20 毫升，甘蔗汁 10 毫升，加适量冰糖用开水冲服。

### 无花果冰糖饮
（适合 1 岁以上的宝宝食用）

**原料：** 无花果 60 克，冰糖适量。

**做法：** ❶ 无花果入锅浓煎。❷ 加适量冰糖调味。

# 宝宝常见异常调养与食疗

## 缺钙

儿童缺钙易出现入睡困难、入睡后多汗、出牙迟或牙齿排列参差不齐、偏食、厌食等症。宝宝长期缺钙会影响身体器官的发育，神经系统、血液循环系统、运动系统都会受到影响。

### 饮食调养

平时让宝宝多吃些含钙量高的食物，如猪骨、虾皮、鲜鱼、活虾、海带、蛋黄、紫菜、牛奶、豆制品等，可满足宝宝对钙的需求。

### 辅助食疗

#### 南瓜虾皮汤
（适合 3 岁以上的宝宝食用）

**原料：** 南瓜 100 克，虾皮 20 克，葱花、盐各适量。

**做法：** ❶ 将南瓜去皮去瓤，切成块；❷ 锅内加适量油烧热，放入南瓜快速翻炒片刻；❸ 加清水大火煮开，转小火，将南瓜煮熟；❹ 出锅时加盐调味，再放入虾皮、葱花即可。

#### 香菇鸡片
（适合 2 岁以上的宝宝食用）

**原料：** 鸡胸肉 150 克，香菇 4 朵，红甜椒、姜片、高汤、盐各适量。

**做法：** ❶ 香菇、鸡胸肉、红甜椒分别洗净，切片。❷ 锅内放油，煸香姜片，放入鸡胸肉、红甜椒稍炒。❸ 放入适量高汤烧开，再放盐、香菇片继续翻炒，大火收汁，盛出。

# 缺铁

缺铁对婴幼儿早期的智力发育会带来影响，尤其会影响宝宝的注意力及短时记忆力。严重缺铁者会出现烦躁易怒、智商水平降低的症状。有的宝宝可能会有精神不振、不爱活动、食欲降低、体重不增、皮肤黏膜变得苍白等症状。

## 饮食调养

宝宝每日所需要的铁为 10~12 毫克，通过食物补铁最经济、安全，且对胃肠道无刺激性。铁的主要来源是动物的肝、血和红色瘦肉等，在植物性食物中有大豆、紫菜、木耳、南瓜子、芝麻等。

## 辅助食疗

### 猪肝瘦肉粥
（适合 1 岁以上的宝宝食用）

**原料：** 猪肝、瘦肉各 50 克，大米 50 克，葱丝、盐、香油各适量。

**做法：** ❶ 将猪肝和瘦肉洗净，切小块，加适量香油、盐拌匀。❷ 将大米洗净，放入锅中。加清水适量，煮至粥将熟时加入拌好的猪肝、瘦肉，再煮至肉熟，撒上葱丝即可。

### 山药菠菜汤
（适合 1 岁以上的宝宝食用）

**原料：** 山药 50 克，菠菜 200 克，盐、香油各适量。

**做法：** ❶ 山药去皮，洗净，切片；菠菜洗净，切段。❷ 汤锅置大火上，加入适量清水烧沸，放入山药煮 20 分钟，再放菠菜段煮熟，加入盐调味，出锅时滴入香油即可。

# 上火

　　"上火"是婴幼儿的常见病症，无论是刚出生的新生儿还是较大的幼儿都容易出现上火的症状。婴幼儿免疫力低下，脾胃功能尚不健全，且生长发育迅速，所需要的营养物质也较多，但其自身并不能合理调节饮食，因此极容易上火，从而导致口角起疱或便秘等症状。

### 饮食调养

　　上火对于婴幼儿来说，绝不是"小病"，它极有可能演变成其他疾病，父母要在宝宝的饮食与营养上进行合理的调整，以提高宝宝的免疫力。宝宝上火时，不宜吃油腻的食物，更要避免吃辛辣、红烧等容易引起"上火"的食物。

## 辅助食疗

### 川贝母冰糖梨盅
（适合 2 岁以上的宝宝食用）

**原料**：雪梨 1 个，川贝母 10 克，冰糖适量。

**做法**：❶ 雪梨洗净，在五分之一处横切，挖去里面的核。❷ 川贝母捣碎，将川贝母、冰糖放入梨盅内，加入适量水。❸ 将雪梨放入蒸锅中，蒸熟。

### 香蕉甜橙汁
（适合 6 个月以上的宝宝食用）

**原料**：橙子半个，香蕉 1/4 根。

**做法**：❶ 橙子削皮，放入榨汁机中榨汁，盛在碗中。❷ 香蕉去皮，用汤匙刮泥置入甜橙汁中即可。

# 头发稀少

宝宝头发数量的多少主要取决于遗传因素。除此之外，缺乏某些营养素，如维生素D、锌、铁等，也易导致宝宝头发稀少。因此，如果宝宝头发稀疏，应及时做微量元素检测和其他相关检查，以便对症治疗。

## 饮食调养

充足而全面的营养，对婴幼儿的头发发育非常重要，及时按月龄让婴幼儿多摄入富含蛋白质、维生素A及矿物质的食物，可使头发乌黑发亮。日常饮食中要保证肉、鱼、蛋和各种蔬果的摄入和搭配食用。

## 辅助食疗

### 黑芝麻糊

（适合1岁以上的宝宝食用）

**原料：**黑芝麻、面粉各50克，红糖适量。

**做法：**❶ 黑芝麻炒熟，研成粉；面粉炒熟。❷ 将黑芝麻粉和等量炒熟的面粉混合，用开水调成糊状，可加些红糖调味。

### 生发汤

（适合3岁以上的宝宝食用）

**原料：**桃仁60克，黑芝麻50克，南杏仁15克，薏米25克，冰糖30克。

**做法：**❶ 将所有原料洗净后一起放入砂锅内，加清水适量，小火煎煮2小时。❷ 加冰糖调味，即可饮汤。

# 小儿肥胖

　　宝宝的体重超过相应身高标准体重平均值 20% 以上就算肥胖。过于肥胖的宝宝常会有疲劳感，用力时会气短或腿痛，而且肥胖也限制了宝宝的运动机能发展，不利于身体的生长发育。

## 饮食调养

　　妈妈要为宝宝减肥把好几道关：严格限制主食、甜食及油脂的摄入量，少吃脂肪含量高的坚果，少食甜食和含糖饮料。妈妈应多给宝宝吃蔬菜，增加饱腹感；多选粗粮、杂粮、鱼、瘦肉作为主食和副食，食盐不宜过多。

## 辅助食疗

### 大米冬瓜粥
（适合 2 岁以上的宝宝食用）

**原料：**冬瓜 80 克，大米 50 克。

**做法：** ❶ 将冬瓜用刀刮去皮后洗净切成小块，再同大米一起置于砂锅内，一并煮成粥即可。❷ 每日早晚两次服食，常食有效。

### 山楂冬瓜饼
（适合 1 岁半以上的宝宝食用）

**原料：**山楂 10 个，冬瓜 100 克，酵母、面粉各适量。

**做法：** ❶ 面粉加入酵母搅成浓稠状饧发待用。❷ 山楂、冬瓜剁泥；面糊鼓起时，加入山楂、冬瓜泥和匀，制成圆饼。❸ 平底锅加适量油烧热，放入圆饼，煎至两面金黄即可。

# 小儿流涎

　　小儿流涎，俗称小儿流口水，较多见于 1 岁左右的宝宝，常发生在断奶前后。宝宝成长到 6 个月，身体各器官功能增强，所需营养已经不能局限于母乳，要逐步用营养丰富、容易消化的辅助食品来补充能量。有些妈妈用母乳喂养到 15 个月以上才断奶，然后才添加辅食，这样的宝宝脾胃就比较虚弱，流涎的发生率较高。

## 饮食调养

　　对脾胃积热型的宝宝，应选择清热养胃、泻火利脾的食物，如绿豆汤、丝瓜汤、芦根汁、雪梨汁、西瓜汁、金银花露等。脾胃虚寒型的宝宝，应选择具有温和健脾作用的食物。

## 辅助食疗

### 红豆鲤鱼汤
（适合 1 岁左右的宝宝食用）

**原料**：红豆 50 克，鲜鲤鱼 1 条。

**做法**：❶ 将红豆清洗干净，鲤鱼洗净去内脏。❷ 红豆与鲤鱼一同放入砂锅中，加适量水，用小火煮 1 小时，取汤汁空腹服用。

### 姜糖神曲茶
（适合 1 岁以上的宝宝食用）

**原料**：生姜 50 克，神曲 25 克，白糖适量。

**做法**：❶ 将生姜、神曲、白糖同放罐内，加水煮沸即成。❷ 代水随量饮或每日两三次皆可。

# 小儿厌食

厌食是指宝宝较长时期的食欲缺乏或是食量减少，甚至是讨厌进食的一种脾胃病症，表现在吃饭方面没有规律性，对食物的兴趣容易变化，爱挑食，导致最终的摄食量不能满足其身体发育的需求，从而影响身体及大脑的发育。

## 饮食调养

主食以全麦食物、小米为主，搭配豆类食物，如黄豆、红豆、黑豆等；肉、蛋、奶类选择动物肝脏、蛋、牛奶、瘦肉、鱼肉及牡蛎等贝类食物等；蔬菜选择菠菜、油菜、生菜等；水果选择香蕉、苹果、葡萄、桃等。

## 辅助食疗

### 红薯粥
（适合 1 岁以上的宝宝食用）

**原料：** 红薯、小米各 50 克。

**做法：** ❶ 红薯去皮，切小方块。❷ 与小米同入锅，加适量水，大火烧沸后改小火煮熟。

### 菠萝苹果汁
（适合 7 个月以上的宝宝食用）

**原料：** 菠萝 200 克，苹果 1 个，凉开水 200 毫升。

**做法：** ❶ 将菠萝、苹果去皮切丁；菠萝丁放盐水中浸泡 5 分钟左右。

❷ 菠萝丁、苹果丁放入榨汁机中，加入凉开水，榨汁即可饮用。